U0390593

中华茶文化丛书

◎ 丛书主编 黄小勇

茶之典

◎ 主编 姜 宁 赖 薇

武汉大学出版社

WUHAN UNIVERSITY PRESS

图书在版编目（CIP）数据

茶之典 / 姜宁，赖薇主编 . —武汉：武汉大学出版社，2015.3

中华茶文化丛书 / 黄小勇主编

ISBN 978-7-307-14841-3

Ⅰ . 茶… Ⅱ . ① 姜… ② 赖… Ⅲ . 茶叶—文化—中国 Ⅳ .TS971

中国版本图书馆 CIP 数据核字（2014）第 263741 号

责任编辑：余 梦 责任校对：方竞男 装帧设计：吴 极

出版发行：**武汉大学出版社**（430072 武昌 珞珈山）

（电子邮件：whu_publish@163.com 网址：www.stmpress.cn）

印刷：武汉市金港彩印有限公司

开本：720×1000 1/16 印张：11.25 字数：143 千字

版次：2015 年 3 月第 1 版 2015 年 3 月第 1 次印刷

ISBN 978-7-307-14841-3 定价：88.00 元

版权所有，不得翻印；凡购买我社的图书，如有质量问题，请与当地图书销售部门联系调换。

茶第一次给我留下深刻的印象，要追溯到 30 年前的那个春天。我到与学校相邻的城市杭州游玩，无意中走到了著名的龙井大队。恰好赶上春茶上市的日子，村边小路的两侧，密密麻麻地摆满了茶农自家生产的龙井茶，蜿蜒曲折的茶叶阵蔓延数公里。当时的集市十分简陋，一家一个箩筐，箩筐上面放一个大大的簸箕，簸箕上堆满了茶叶。每个农家都在簸箕的一角放一个大大的玻璃杯，里面泡的都是自家预售的茶叶。放眼望去，处处都是新茶的嫩绿，柔柔的嫩叶舒展在杯中，缕缕热气从杯中袅袅升起，与早春时节山中的薄雾相映成趣，满眼的嫩绿和不时吸入鼻中那若有若无的茶香味融合在一起，眼前一片春意盎然的景象。一时间，人竟有些恍惚，有一种飘飘然、如临仙境的感觉。我定了定神，沿着小道走了下去，最后，在一个自认为最好的茶叶摊前停下脚步。在茶主的盛情邀请下，我端起玻璃杯，大大地喝了一口（请原谅，当时的我真的不知道茶是要慢慢去品的），也许是我喝得太快，茶水入口时并没有什么特别的感觉。而当茶水被咽下去后，令人震惊的事情发生了，只觉得一股清新之气在口腔中盘旋，直冲鼻腔，好像真的是七窍都要通了一般。不知道古人的"六碗通仙灵"是不是描述我当时的感受，但可以肯定的是我在喝第一口时就有了"通仙灵"的感觉。当我鼓起勇气询问茶叶的价格，希望买上一点回去品尝的时候，摊主平静的回答，让我震惊了，他告诉我"200 元一斤"。当时正在上大学的我，一个月的生活费也就只有 30 元左右！一斤茶叶居然要花费我半年的生活费！说实话，当时的我对茶叶并没有太多的认识，只知道它是一种可以泡来喝的饮料，大多是闲人们打发时间的饮品。看到我震惊的样子，摊主笑着给我讲起了龙井茶的故事。从茶农的口中我第一次听到了"虎跑泉水龙井茶"的传说，也第一次知道了茶叶的采摘是有时间要求的，不同的采摘时间和加工方法会给茶叶的品质带来巨大的影响。好的茶叶因为有极为苛刻的采摘和加工要求，产量十分有限，所以价格昂贵。当然也有品质一般的茶叶，只需要几块钱一斤。

真正让我对茶产生兴趣是在大学最后一年的夏天。那年中国航空公司宣布寒暑假期间可以对在校大学生出售半价飞机票，但前提条件是只在每天下午3点钟以后出售未卖完的第二天的机票。为了买到一张半价机票，几乎有一周的时间我每天下午都要从浦东跑到我预乘航班航空公司的售票大厅排队等票。上海的7月极为闷热潮湿，在正午的烈日下奔跑是极耗体力的。终于有一天我有些扛不住了，整个人都感觉到发虚发飘，口腔中不时有口水不受控制地涌出来，我知道自己要中暑了。误打误撞中跑进了城隍庙里的豫园茶楼，现在也记不清当时是为什么点了一壶龙井茶。几杯茶下去，中暑的感觉彻底消失了，虽然没有"两腋清风生"，但也有了几分神清气爽的感觉。原来这不起眼的茶叶居然有如此惊人的功效！从那时起，我对茶叶的兴趣便一发不可收拾，开始了对中华茶文化真正意义上的收集和研究。

几乎每一个中国人都知道"开门七件事，柴米油盐酱醋茶"，它反映了茶作为生活必需品在中国人日常生活中的重要地位。客来敬茶，是中国人待人接物的基本礼节。茶间话家常，其乐融融。随着中国社会的发展，茶作为一种文化载体，在保持其自然属性的同时，也引起了人们的关注，带领人们回归自然，予人以精神寄托。中国文人强调"人生八雅""琴棋书画诗酒花茶"。中华茶文化源远流长，博大精深，为中华民族之国粹。

从开门七件事的"茶",到人生八雅的"茶",从物质的茶到精神的茶,中华茶文化的发展经历了漫长的孕育期,在汲取了大量的中华民族传统文化精华的基础上,与时代的政治、经济、文化及人们的日常生活产生了完美的融合,并由此开始了其自身的形成与发展历程。

纵观我国茶文化的历史,中华茶文化的发展大致经历了以下几个阶段。

一、茶文化的孕育期

上古的黄帝时代,中华历史上发生了一个重大变化——文字的发明,这标志着中华历史迈进了文明的时代。文字发明以前,人们一般以实物记事。从传说和民族学的资料来看,上古记事的主要办法为结绳和刻契。而结绳应用于神农氏以前,至黄帝时代,随着经济、文化、生活的快速进步,结绳记事已无法在使用范围和速度上完全满足人类传递信息的需要了,古人通过兽蹄鸟迹的规律,发明了文字,便于交流。由于文字的发明,中华历史发展中的优秀文化得以传承。中华茶文化的记载便是从此时开始的。

相传在上古的黄帝时代,神农氏尝百草并写下了记载各种草石功效的《神农本草》,又名《神农本草经》,它是我国现存最早的药学专著。《神农本草》里记载,现今的四川益州是最早的茶区之一,采摘在农历的三月初三进行。这说明茶叶在此时已被视为药饮在民间流行。中国最早的诗歌总集《诗经》收集了从西周初期至春秋中叶大约 500 年间的诗歌 305 篇,其中提到"茶"字的地方就有近十处。这里的"茶"字也许并不全部指我们现在意义上的"茶",但其中诸如"谁谓荼苦,有甘如荠""采荼薪樗,食我农夫"等的描述,则被学者们公认为是关于茶事的最早记载。春秋时期婴相齐景公时(公元前 547—公元前 490 年),有记载表明人们吃脱去谷皮的粗粮饭,烤食三种禽鸟和牛、猪、狗、鸡、羊的卵部,最后"茗茶而已",表明茶叶已作为菜肴汤料,供人食用。三国时期魏张揖著《广雅》中有"荆巴间采荼作饼,叶老者饼成,以米膏出之。欲煮茗饮,先炙令赤色,捣末置瓷器中，以汤浇覆之，用葱、姜、橘芼之"的记载，这是目前发现的最早的关于茶饼制作和泡茶方法的描述。

不难看出，这一阶段茶在生活中扮演着药饮、汤饮的角色，还仅仅局限于茶的物质属性方面。

二、晋代、南北朝茶文化的萌芽

魏晋南北朝时期，奢靡之风盛行。而茶饮具有清新、雅逸的天然特性，于是，宫廷贵族"以茶代酒"倡朴示廉，市井百姓"以茶代水"提神醒脑，文人雅士"以茶会友"品茗寄情，佛门僧侣"以茶合禅"静虑悟道。茶的精神意味得到了人们的认同，茶不仅作为一种饮品被人们接受，而且作为一种精神得到传播。

魏晋时期饮茶的地域特征明显，主要集中在长江流域，先秦两汉是在巴蜀之地发祥，三国西晋在长江中游和华中地区，东晋和南朝则在长江下游和华南。据晋常璩《华阳国志·巴志》记载：约公元前1000年周武王伐纣时，当时的巴国已有了人工茶园，所产的茶叶被作为"纳贡"珍品献给周王室，这是茶作为贡品的最早记述。公元前59年，已有"烹茶尽具""武阳买茶"的记载，这表明在四川一带已有茶叶作为商品出现，是关于茶叶商贸活动的最早记载。东汉（25—220年）末年、三国时代的医学家华佗在《食论》中提出了"苦茶久食，益意思"，是茶叶药理功效的第一次记述。三国（220—265年）时期，史书《三国志》中有吴国君主孙皓"密赐茶荈以代酒"，是"以茶代酒"最早的记载。到了隋朝（581—618年），茶的饮用逐渐开始普及，隋文帝患病，遇俗人告以烹茗草服之，果然见效。于是人们竞相采之，茶逐渐由药用演变成社交饮料，但主要还是在社会的上层群体中流行。随着文人饮茶之兴起，有关茶的诗词歌赋日渐问世，茶已经脱离作为一般形态的饮食而走入文化圈，起着一定的精神、社会作用。中华茶文化由此开始了它真正意义上的萌芽。

三、唐代茶文化的形成

唐代（618—907 年）是茶作为饮料扩大普及，并从社会的上层走向全民的时期。唐太宗大历五年（770 年）开始在顾渚山（今浙江长兴）建贡茶院，每年清明前兴师动众督制"顾渚紫笋"饼茶，进贡皇朝。唐德宗建中元年（780年）纳赵赞议，开始征收茶税。8 世纪，中国历史上第一部真正意义上的茶典——陆羽《茶经》问世。"自从陆羽生人间，人间相学事新茶。"陆羽《茶经》的问世使茶文化发展到一个空前的高度，标志着唐代茶文化的形成。《茶经》概括了茶的自然和人文科学双重内容，探讨了饮茶艺术，把儒、道、佛三教融入饮茶中，首创中国茶道精神。之后又出现大量茶书、茶诗，有《茶述》《煎茶水记》《采茶记》《十六汤品》等。唐代是中国历史上社会经济文化空前繁荣的时代，同时也是中华茶文化真正形成和发展的朝代。

唐代饮茶之风的兴起，使得全国许多地方开始生产茶叶。根据陆羽《茶经》记载，当时的主要产茶区有 42 个，涉及现在的 17 个行政划分省份，即西北至安康，北至淮河南岸的光山，西南至云贵的西双版纳和遵义，东南至福建的建瓯等，南至岭南的两广。因各地气候不一、地理位置迥异，加上风土人情和种植方法有差异，所产出的茶叶也呈现出不同的特质。唐人在煎茶过程中，总结出了茶与水的煎煮关系，择水当选与产茶地相宜的水。故而，中国茶文化自唐代开始，饮茶讲究茶水相宜。茶与水的融合，各地风格迥异。唐人开始认识到不同水质对茶汤质量的影响，不同沸水程度对茶汤质量的影响，不同产地茶碗对茶汤汤色的影响等细节。唐人开始重视茶叶的制作方法和过程，不同的制作方法产出的茶叶，采用不同的煮饮方式。

四、宋代茶文化的兴盛

宋代茶业已有很大发展，并在唐代的基础上进一步推动了茶文化的发展，在文人中出现了专业品茶社团，有官员组成的"汤社"、佛教徒的"千人社"等。宋太祖赵匡胤是一位嗜茶之士，在宫廷中设立茶事机关，宫廷用茶已分等级。茶仪已成礼制，赐茶已成皇帝笼络大臣、眷怀亲族的重要手段，还赐给国外使节。至于普通百姓，茶文化更是生机盎然，有人迁徙，邻里要"献茶"；有客来，要敬"元宝茶"；订婚时，要"下茶"；结婚时，要"定茶"；同房时，要"合茶"。民间斗茶风起，带来了采制烹点的一系列变化。宋太宗太平兴国年间（976年）开始在建安（今福建建瓯）设宫焙，专造北苑贡茶，从此龙凤团茶有了很大发展。宋徽宗赵佶在大观元年间（1107年）亲著《大观茶论》一书，以帝王之尊，倡导茶学，弘扬茶文化。宋代创立了点茶法，斗茶之风盛行，由此产生了茶文化精粹——分茶。由于皇帝和文人对点茶、分茶和斗茶的推崇，贡茶的产生，极大地提高了茶叶和茶具质量。由于茶马贸易的旺盛，宋代开始，朝廷设茶马司，专门负责以茶叶交换周边各少数民族马匹的工作。由于马匹是重要的战备物资，设置茶马司便于朝廷控制各少数民族地区，同时，茶马贸易也促进了对少数民族的文化推广，特别是茶文化的推广，并由此逐步产生了专供少数民族地区的茶叶——黑茶（边茶）。由此，中华茶文化进入了兴盛时期。

五、明、清茶文化的普及

中国古代茶文化的发展史上，元、明、清也是一个重要阶段，茶叶的生产量和消费量逐渐扩大，饮茶技艺的水平、特色逐步提升，呈现多样化，散发着令人陶醉的文化魅力。宋代，大小城市茶馆、茶楼的兴起使得茶文化更加深入普通大众的生活，各种茶文化不仅继续在宫廷、宗教、文人、士大夫等阶层中延续和发展，茶文化的精神也进一步植根于广大民众之间，不同地区、不同民族有极为丰富的"茶民俗"。明、清茶人继承了唐、宋茶人饮茶修道的思想。泡茶法大约始于中唐，南宋末至明朝初年，泡茶多用末茶。明初以后，泡茶用叶茶，流行至今。

明、清时期，茶叶的生产和加工方式日渐多样化，出现蒸青、炒青、烘青等各茶类，茶的饮用已改成"撮泡法"，明代不少文人雅士留有传世之作，如唐伯虎的《烹茶画卷》《品茶图》，文徵明的《惠山茶会记》《陆羽烹茶图》《品茶图》等。茶类的增多，泡茶的技艺有别，茶具的款式、质地、花纹千姿百态。晚明时期，文人雅士们对品饮之境又有了新的突破，讲究"至精至美"之境。此时的茶叶已经进入寻常百姓家，成为人们日常生活中不可或缺的一种要素。

六、现代茶文化的发展

新中国成立后，我国茶叶生产得到了快速发展，2013年全国干毛茶的产量已经达到了189万吨，茶叶总产值突破1000亿元人民币。茶物质财富的大量增加为我国茶文化的发展奠定了坚实的基础。随着茶文化的兴起，各地茶艺馆越办越多。各种形式的国内、国际茶文化研讨会频繁展开，吸引了世界各地的茶叶厂商和茶文化研究人员参加。各省、各市及主产茶县纷纷主办"茶叶节"，如福建武夷市的岩茶节、云南的普洱茶节、湖北英山及河南信阳的茶叶节等不胜枚举，以茶为载体，形式多样的活动，促进了各地经济贸易的发展，同时也进一步扩大了中华茶文化的影响。

时值金秋，丹桂飘香，正是品茶的好时候。所谓好茶还需细品，回想近30年对中国茶文化的收集和研究过程，各种生活志趣和人生滋味，尽在其中。无论红、绿、白、黑、黄或青，喝出生活味道的茶，皆为好茶。茶成为文化，经过了历史的沉淀和大众的传播。作为文化工作者，我和一群志同道合的中华茶文化爱好者，结合各自的工作，努力地向外国人传播着这一种物色突出的茶文化。作为民间的茶文化个体传播者，我们阅读分析了近20年中国出版的与茶文化有关的海量书籍，它们或细谈茶历史，或趣说茶文化，或详道茶之俗，或闲话茶之事，或漫话茶与养生，或把玩茶之器具，或译解茶之经典，然而大部分的书籍缺乏系统性，尤其是缺少针对外国人系统宣传介绍中华茶文化的书籍。10年前，我在英国工作期间有机会接触到英国的茶艺。众所周知，英国本土并不生产茶叶，而"英伦下午茶"却成了举世闻名的茶艺经典。这与英国人对茶文化的研究和英国茶艺的推广是密不可分的。随着中国经济的快速发展，中国已经全方位地走向了世界，中华文化的对外推广已是大势所趋，时不我待。作为中华文化组成部分的中华茶文化的宣传推广自然也就水到渠成了。

本着这样一种想法，我们编写了本套茶文化丛书。丛书共有七本，分别为《茶之类》《茶之水》《茶之器》《茶之典》《茶之艺》《茶之养》和《茶之道》，以期对中华茶文化进行一次全方位的梳理，同时也希望为对中华茶文化有兴趣的外国朋友提供一个全面了解中华茶文化的途径。我们力求从便于茶文化传承的角度，系统收编整理天下千差万别的各类茗茶，结合中国文化中"天地人和"的特点，介绍中国广袤大地上的宜茶之水。纵观历史，挖掘出中国摆器赏茶的道具，品析茶自孕育萌芽伊始的典故，与读者一起观外形、赏汤色、闻香气、品茗滋，享受中国茶文化带来的丰富营养，涤心神，悟人生。

由于编者不是茶文化的专业研究人员，丛书主要从日常生活中易于茶文化传播的角度编写，因此难免有考虑不周的地方，在此恳请专业人士予以批评指正。

黄小勇

2014 年 10 月

在浩瀚无边的文化宇宙中，中华民族传统文化是最为灿烂、神秘、独特的星星之一。其原因之一就在于：在中华民族漫长、悠久的历史长河中，涌现了一批又一批文人墨客、名流大家，他们或才华横溢、意气风发，或壮志难酬、失意愤懑，却都擅于借花、借草、借酒、借茶，抒写了一篇篇精彩绝伦的人生诗篇，留下了许许多多趣闻典故，为后人津津乐道。而作为中华传统文化的重要组成部分，茶文化在华夏大地上生根发芽、茁壮成长的历程中也留下了许多脍炙人口、为后人传颂的文化典故。

从传说中的"神农品茶""达摩眼皮变茶"开始，茶之典故就在不断地充实着、培育着茶文化的发展、完善。"周武王贡茶""蜀王封'葭萌'""武阳买茶"等是最早的茶之典记载，"晏子以茶为廉""吴王以茶代酒"等是最早的名人茶之典，这些都是茶文化最初的孕育。尔后，历经晋代、南北朝的乱世寄托，茶文化萌芽；唐朝的盛世洗礼，茶文化形成；宋代的繁荣滋润，茶文化兴盛；明清的高度推广，茶文化普及；现代的保护重视，茶文化走出国门……这其中演绎了无数的茶之典故，留下了无数的趣闻、雅文，为人津津乐道。

本书正是结合了这些茶之典故，以中国几千年的朝代演变为时间轴，以茶文化在各个时期的发展特点为落脚点，详细地阐述了中华茶文化在不同时期的名人趣事、大家典故，从而从一个不同的角度展现了中华茶文化的发展历程。笔触轻松有趣、内容丰富翔实、观点鲜明深入,这些都是目前茶文化书籍中较为少见的,堪称一本集科学性、知识性、趣味性和可读性于一体的茶之典故书籍,适合广大读者阅读、学习、品味。

本书所用图片,部分为作者拍摄;部分为武汉羽桐文化会馆提供;其余来源广泛。如涉及图片使用相关问题,请图片版权所有者与出版社联系。

在编写本书的过程中,我们得到茶业界及其他各界许多朋友的关心和支持,在本书出版之际,我们谨致以衷心的感谢。由于编写时间有限及编者的知识局限,书中难免存在疏漏和不足之处,敬请广大读者、各界朋友谅解与批评指正。

编　者

2014 年 10 月

目录

第一章　茶文化的孕育期　　　　　　　　/1

第一节　起源　　　　　　　　　　　　/2

一、神农氏的传说　　　　　　　　　　/2

二、达摩传说　　　　　　　　　　　　/4

三、名茶的传说　　　　　　　　　　　/4

第二节　茶之初记载　　　　　　　　　/16

一、茶首次成为贡品——周武王　　　　/16

二、以茶封邑名——蜀王封"葭萌"　　/17

三、茶成为生活中的商品——武阳买茶　/18

第三节　以茶喻德　　　　　　　　　　/19

一、晏婴以茶为廉　　　　　　　　　　/20

二、吴王孙皓以茶代酒　　　　　　　　/21

第二章　晋代、南北朝茶文化的萌芽　　　/22

第一节　逐步形成以茶为廉的风尚　　　/23

一、东晋陆纳以茶待客　　　　　　　　/23

二、桓温举茶宴客　　　　　　　　　　　　　/24

三、齐武帝将茶奉为祭品　　　　　　　　　　/24

第二节　乱世中的精神寄托　　　　　　　　　/25

一、晋惠帝瓦盂饮茶叹甘甜　　　　　　　　　/26

二、大将刘琨以茶抒胸怀　　　　　　　　　　/27

第三节　南北饮茶文化的差异与交融　　　　　/28

一、王濛水厄　　　　　　　　　　　　　　　/28

二、王肃酪奴　　　　　　　　　　　　　　　/29

三、隋文帝嗜茶——南北饮茶文化的交融　　　/30

第四节　先秦两汉六朝茶诗　　　　　　　　　/31

一、《诗经》——茶诗的滥觞　　　　　　　　/32

二、魏晋时期的涉茶诗　　　　　　　　　　　/34

第三章　唐代茶文化的形成　　　　　　　　　/41

第一节　盛世气象　　　　　　　　　　　　　/42

一、"茶"字的形成和稳定　　　　　　　　　/42

二、茶圣陆羽　　　　　　　　　　　　　　　/43

三、饮茶品水——《煎茶水记》　　　　　　　/47

四、茶道雏形——奚陟摆茶会　　　　　　　　/48

五、饮茶之风由中原向外的传输　　　　　　　/49

第二节　唐代的茶与政治　　　　　　　　　　/50

一、唐代贡茶制度　　　　　　　　　　　　　/50

二、茶税之法　　　　　　　　　　　　　　　/51

三、马殷以茶换封爵 /54

第三节 唐代茶文学 /55

一、唐代茶诗 /55

二、唐代茶文赋 /68

第四节 茶与佛教 /75

一、吃茶去 /75

二、鉴真大师与日本茶道 /76

第四章 宋代茶文化的兴盛 /78

第一节 宋代茶风 /79

一、宋代斗茶之风 /79

二、高太后禁造密云龙 /81

三、宋徽宗设茶宴 /83

第二节 宋代茶书专著 /84

一、宋徽宗《大观茶论》 /84

二、《茶录》 /85

三、首现茶法专著 /86

第三节 宋代茶人之品鉴力 /89

一、蔡襄评辨龙团 /89

二、君谟善别石岩白 /90

三、王安石明断三峡水 /90

第四节 宋代文人与茶 /92

一、欧阳修藏茶 /92

二、茶客黄庭坚　　　　　　　　　　/94

三、苏轼题茶　　　　　　　　　　　/95

四、李清照说茶令　　　　　　　　　/96

第五节　宋代茶诗　　　　　　　　　**/98**

一、王禹偁《龙凤茶》　　　　　　　/98

二、范仲淹《和章岷从事斗茶歌》　　/100

三、苏轼茶诗词　　　　　　　　　　/102

四、陆游情系茶缘　　　　　　　　　/105

第五章　明、清茶文化的普及　　　　**/110**

第一节　明、清茶文化的发展形式　　**/111**

一、朱权与《茶谱》　　　　　　　　/111

二、明人品水　　　　　　　　　　　/113

三、时代的总结《茶说》　　　　　　/114

第二节　宫廷茶事　　　　　　　　　**/115**

一、朱元璋因私茶斩驸马　　　　　　/115

二、康熙题名碧螺春　　　　　　　　/116

三、乾隆茶礼　　　　　　　　　　　/117

四、千叟宴　　　　　　　　　　　　/118

第三节　茶我合一　　　　　　　　　**/119**

一、朱权行茶破孤闷　　　　　　　　/120

二、文徵明竹符调水　　　　　　　　/120

第四节　以茶会友 /122

一、张陶庵品茶鉴水 /122

二、蒲松龄路设大碗茶 /124

三、明清茶楼文化 /125

第五节　文学作品中的茶 /126

一、《金瓶梅》"吴月娘扫雪烹茶" /127

二、《红楼梦》"栊翠庵茶品梅花雪" /129

三、《镜花缘》"小才女亭内品茶" /131

四、《老残游记》"三人品茶促膝谈心" /133

五、《儒林外史》中的茶事 /135

六、《聊斋志异》中的茶事 /138

第六章　现当代茶文化的发展 /140

第一节　现当代名人茶故事 /141

一、鲁迅施茶 /141

二、梁实秋买茶 /143

三、老舍与《茶馆》 /145

第二节　茶学泰斗吴觉农 /148

第三节　茶农与现当代"采茶戏" /150

一、江西采茶戏 /151

二、闽西、闽北采茶戏 /152

三、湖北阳新采茶戏、黄梅采茶戏 /152

四、粤北采茶戏 /154

五、桂南采茶戏 /156

第四节　茶叶外交 /157

参考文献 /162

第一章

茶文化的孕育期

茶文化作为中华传统文化的重要组成部分，与其他文化一样，都经历过漫长的孕育、沉淀与发展，最终才由一个单纯的药物存在演变成一种深入人们日常生活的文化习俗。而各种文化的孕育，不论中外，无一不依赖于各种脍炙人口的神话传说，以及一些流传千古的关于名流大家的轶事记载，茶文化亦是如此。细细琢磨古老神话与严谨史籍里一些关于茶的典故，我们发现，这些传说故事，或真或假，难以分辨，却都在有意无间孕育着茶文化。

第一节　起　源

茶起源于中国已是毋庸置疑。然而，中华上下五千年，地大物博，茶起源于何时何地呢？茶界专家们众说纷纭。既然无法认定权威起源，那么我们姑且搁置，先来翻阅那些散落在民间的关于茶起源的传说，一一体会其中的传奇魅力。

一、神农氏的传说

茶的起源，可以追溯到远古神农氏时期。据最早的《神农本草经》记载："神农尝百草，日遇七十二毒，得荼而解之。"其中"荼"就通"茶"。在远古的神话传说中，神农氏生来就有一个"透明肚子"，五脏六腑俱可见。神农氏尝草药之后，草药药性如何，均可以观其五脏六腑的变化而得之。一日，神农氏在尝到茶时，发现其可以将五脏六腑查尽，清毒素、洗肠胃，是一种难得的好草药。据此功效，神农氏将这种草药命名为"查"，后来又演化成"茶"。 这是关于茶起源的最具有神话色彩的版本，也是一个非常符合中国文化逻辑的追根溯源的版本——在中国的文化发展史上，人们往往将与农业有关事物的起源归根于被称为"农之神"的神农氏。而后，茶圣陆羽也在《茶经》中指出："茶之为饮，发乎神农氏。"这些都肯定了"茶源于神农氏"的传说。

至于神农氏究竟是如何发现茶的，百家众说纷纭。有一种较普遍流传的故事是，神农氏尝百草，经常将一大包草药带回煎熬。他将草药按已知药性分开熬制，却在熬好之际，误将几片不知药性的树叶添加其中。顿时，一阵清香扑面而来。神农氏大为惊奇，品尝药液，发现其令人心旷神怡，具有提神醒脑、缓解疲劳之效。神农氏大喜，将树叶从

神农尝茶图

锅中捞起，细细研究，决心要将其找到，进行种植、推广。从此，神农氏踏遍山河，锲而不舍地寻求这种树叶的来源。终于，他在一个山坳里觅得，欣喜之余，将其命名为"茶"，并广为栽培。可以说正是神农氏锲而不舍的精神才成就了中国茶的起源。

神农煮茶图

二、达摩传说

在日本与印度等国，茶的起源还有一则六朝达摩禅师"眼皮变茶"的传说。相传，菩提达摩自印度东使中国，誓言要于少林寺后山以九年不睡的方式修禅。前三年，达摩如愿成功；后来却因为体力不支而入睡。达摩醒来，羞愧交加。为了避免再次入睡，达摩甚至割下眼皮，掷于地上。孰料几日之后，眼皮化为树苗，青翠碧绿，日益成树，枝叶扶疏，生机勃勃。

此后几年，在该树苗的陪伴下，达摩精神倍加，顺利修禅。然而，就在最后一年，在修禅即将成功关头，达摩又受到了睡魔侵袭。关键时刻，达摩禅师摘食身旁树叶，却意外发现咀嚼该树叶之后，立马神清气爽、耳清目明，可以缓解一身疲惫倦意。也因此，达摩禅师完成了九年禅定的目标，成为一代伟大宗师。

达摩悟禅图

传说中达摩意外采食的树叶即为后世所称的"茶"。这则达摩传说也成了日本与印度等国关于茶起源最为普遍流传的说法。故事中所述树叶起到的作用也正是茶提神醒脑、缓解疲劳的功效。

三、名茶的传说

中国茶历史悠久、品种繁多，中国名茶则是其中的珍品。中国十大名茶是由 1959 年全国"十大名茶"评比会所评选，在色、香、味、形方面都各有特色。不仅如此，十大名茶中的每种茶后面都还各有一段美丽传奇的故事。

（一）西湖龙井茶

西湖龙井，系属绿茶品种，素有"天堂瑰宝"之誉称，是当之无愧的中国名茶之首。西湖龙井产于浙江杭州西湖群山，已有千百年历史，早在唐代就已享负盛名。龙井茶外形挺直削尖、扁平俊秀、光滑匀齐，色泽绿中显黄。冲泡后，香气清高持久，香馥若兰；汤色杏绿，清澈明亮；叶底嫩绿，匀齐成朵，芽芽直立，栩栩如生；品饮茶汤，沁人心脾，齿间流芳，回味无穷。好茶还需好水泡，龙井茶与虎跑泉并称杭州"双绝"，若二者相配，则香更浓、味更醇，历来为世人所称道。而关于西湖龙井茶的历史传说众多，其中流传最广的便是"乾隆帝封御茶"的故事。

西湖龙井茶图

相传清朝年间乾隆帝下江南巡查时，来到了杭州龙井狮峰山下观看乡女采茶。一天，乾隆帝在观看之时，心血来潮，也学着乡女们采起了茶。孰料，刚采了一把，就有太监来报"太后急病，请皇上速速回宫"。乾隆帝一听，心急如焚，随手将刚采的茶往袖袋内一放，就快马加鞭地回宫了。其实，太后并无大病，只因山珍海味吃多了，一时肠胃不适，肝火上抬。见到乾隆帝前来，只觉一阵清香扑鼻，精神大振，便问乾隆帝带来了什么好东西。乾隆帝颇觉得奇怪，随手一摸，原来是在龙井狮峰山下采的一把茶，虽已经干了，但依旧有一股清香之气。随后，太后命人将茶叶泡水并饮下，顿觉耳清目明，肠胃舒畅，连连夸奖道："杭州龙井的茶叶，真是灵丹妙药。"乾隆帝见太后如此欢喜，便传令下去，将杭州龙井狮峰山下胡公庙前的那十八棵茶树封为御茶，每年专供太后享用。至今，杭州龙井村胡公庙前还保存着这十八棵御茶。

（二）洞庭碧螺春茶

碧螺春茶，亦属绿茶品种，产于江苏省吴县（今属苏州市）太湖洞庭山。洞庭山位于太湖之滨，分东、西山两座。东山仿若一艘巨舟，伸入太湖，形成半岛；西山气候温和适宜，冬暖夏凉，终年云雾弥漫，却是适合茶树生长的得天独厚的环境。再加上茶叶采摘之精细，制作之考究，碧螺春茶以其独一无二的品质和魅力闻名古今中外。碧螺春茶外观条索纤细，卷曲成螺，

碧螺春茶图

满披茸毛，色泽碧绿。冲泡后，味鲜生津，清香芬芳，汤绿水澈，叶底细、匀、嫩。尤其是高级碧螺春，可以先冲水后放茶，茶叶依然徐徐下沉，展叶放香，这是茶叶芽头壮实的表现，也是其他茶所不能比拟的。因此，民间有这样的说法：碧螺春是"铜丝条，螺旋形，浑身毛，一嫩（指芽叶）三鲜（指色、香、味）自古少"。而关于碧螺春茶的发现，民间还有着这么一则有趣的传说。

相传很早以前的洞庭莫厘峰常年萦绕着一股奇异的香气，附近的村民们以为是妖精作怪，纷纷退却，不敢上山砍樵。然而有一天，有一位勇敢倔强、不听村民劝告的小姑娘大胆地上了山。刚走到半山腰，小姑娘就闻到了一股清新扑鼻的香气，却没有发现什么诡异之处。她颇为好奇，就一鼓作气地爬到了山顶。但是在山顶环视一圈之后，小姑娘依旧没有发现什么怪物，却发现了一片散发着清香的绿油油茶树。她感到颇为惊讶，便采摘了一些树叶下山。回到家后，小姑娘又累又渴，就将怀里的树叶拿了出来，却不料，顿时满屋芬芳；她一时兴起，便将一些树叶泡水饮下，却不料一口饮下，满口芳香；两口饮下，喉润头清；三口饮下，精神大振。小姑娘惊喜万分，于是将这种树移植到山下。几年之后，茶树繁茂，香气远飘，引来方圆百里村民。小姑娘将该树叶泡水招待村民，众人饮后赞不绝口，便问道此为何茶。小姑娘随口一答曰："吓煞人香也。"而后到了康熙年间，康熙帝南巡到访太湖时，因其名不雅，故特赐名曰"碧螺春茶"。

（三）黄山毛峰茶

黄山毛峰茶，系属绿茶之一，产于安徽黄山，由清代光绪时期谢裕大茶庄率先烘制。该茶叶白毫披身、牙尖锋芒，又因其采自黄山高峰，故取名为黄山毛峰茶。黄山毛峰茶外形微卷，状似雀舌，绿中泛黄，银毫显露，且带有金黄色鱼叶（俗称黄金片）。入杯冲泡时，雾气结顶，汤色清碧微黄，叶底黄绿有活力，滋味醇甘，香气如兰，韵味深长。关于黄山毛峰茶的传说，民间还有这么一则故事。

黄山毛峰茶图

　　明朝天启年间，江南黟县县官熊开元带着书童到黄山游玩，却迷了路，偶遇山中一位和尚，便寄宿于寺中。和尚泡茶待客，熊知县见到这茶叶色微黄，状似雀舌，身披白毫；开水冲泡之后，热雾绕碗，而后直线升腾，在空中化为一朵莲花；而待莲花散去之后，满室弥漫清香。熊知县大惊，一问方知此乃黄山特产茶"黄山毛峰"。临别之时，和尚赠予熊知县些许茶叶与一壶黄山泉水，嘱咐道此茶须用此泉水泡方可。熊知县回县衙后恰逢太平知县来访，便一时兴起表演了一番。太平知县大喜，便私自将此茶进贡给了当朝皇帝，想邀功请赏。孰料，在皇帝传令进贡表演之时，该茶却无法呈现出莲花奇景。皇帝大怒，太平知县只好将熊知县招供出来。熊知县得知之后，明白这是没有用黄山泉水泡的缘故，便再上黄山讨泉水，成功地在皇帝面前表演了莲花奇景。皇帝大喜，欲对熊知县论功行赏、加官晋爵。熊知县心中却感慨万千，暗忖"黄山毛峰尚且如此不畏权贵、品质高尚，何况为人呢？"于是当下辞官，来到了黄山云谷寺出家，法号正志。如今云谷寺的路旁有一处檗庵大师墓塔遗址，相传就是正志和尚的坟墓。

（四）庐山云雾茶

庐山云雾茶，系属绿茶品种，产于江西九江庐山，茶汤清淡，宛若碧玉，味似龙井而更为醇香，素来以"味醇、色秀、香馨、汤清"享有盛名。1959年，朱德同志到庐山品尝此茶时，欣然作诗称颂："庐山云雾茶，味浓性泼辣。若得长时饮，延年益寿法。"庐山云雾茶芽壮叶肥，白毫显露，色翠汤清，滋味浓厚，香幽如兰。

庐山云雾茶图

传说孙悟空在花果山当猴王的时候，有一日心血来潮，想要尝尝玉皇大帝与王母娘娘经常喝的仙茶。于是一个筋斗云来到了九州南国，只见那儿一片碧绿，正是茶树林。茶树已结籽，正是采摘的好时候，孙悟空却不知从何下手才好。这时，天边飞来一群多情鸟，知道了猴王的苦恼后，便答应帮忙，一只只衔着茶籽往花果山飞去。却不料，在飞越庐山上空之时，多情鸟被壮观秀丽的庐山景色深深地吸引住了，不禁唱起了歌。百鸟齐唱，茶籽便掉落在了庐山群峰的岩隙之中。从此，云雾缭绕的庐山便长出了棵棵茶树，生产香气怡人的庐山云雾茶。

（五）六安瓜片茶

六安瓜片茶，绿茶品种之一，产于安徽省六安一带。唐初称为"庐州六安茶"，明朝始称"六安瓜片"。六安瓜片形似瓜子形的单片，整体自然平展，叶缘微翘，色泽宝绿，大小匀整，不含芽尖、茶梗，清香高爽，滋味鲜醇回甘，汤色清澈透亮，叶底嫩绿明亮。在所有茶叶中，六安瓜片是唯一无芽、无梗的茶叶，由单片生叶制成。去芽使其不但保持单片形体，而且无青草味；梗在制作过程中已木质化，剔除后，可确保茶味浓而不苦，香而不涩。

六安瓜片茶图

六安瓜片的历史渊源历来为茶叶工作者所追溯，到目前为止，较为可信的版本是1905年前后，六安茶行的评茶师，从收购的绿茶中拣取嫩叶，剔除梗芽，作为新产品应市，获得成功。消息不胫而走，金寨麻埠的茶行闻风而动，雇用茶工如法采制，并起名"封翅"（意为峰翅）。此举又启发了当地一家茶行，把采回的鲜叶剔除梗芽，并将嫩叶、老叶分开炒制，结果成茶的色、香、味、形均使"峰翅"相形见绌。于是附近茶农竞相学习，纷纷仿制。这种片状茶叶形似葵花子，遂称"瓜子片"，后又叫成"瓜片"。

（六）安溪铁观音

安溪铁观音，属乌龙茶类，产于福建安溪县。铁观音是乌龙茶中的极品，茶条卷曲，肥壮圆结，沉重匀整，色泽砂绿，整体形状似蜻蜓头、螺旋体、青蛙腿。冲泡后，汤色多黄，浓艳似琥珀，有天然馥郁的兰花香，滋味醇厚甘鲜，回甘悠久，俗称"音韵"。茶音高而持久，可谓"七泡有余香"。除具有一般茶叶的保健功能外，还具有抗衰老、抗癌症、抗动脉硬化、防治糖尿病、减肥健美、防治龋齿、清热降火、敌烟醒酒等功效，素有"茶王"之称。

安溪铁观音图

在安溪关于铁观音品种的由来有这么一段传奇故事。相传乾隆年间，安溪茶农魏饮能烘制一手好茶。他极信佛，每日晨昏必定奉茶上供观音菩萨，从不间断。有一日夜里，魏饮得观音托梦，梦见崖边有一株散发着兰花香味的茶树。魏饮深信不疑，第二日便前往崖边寻找，果真如梦所示。魏饮大喜，当下便采摘了一些茶树叶回家烘制成茶叶，泡水饮之，其味甘醇甜爽，令人精神大振，魏饮认为这必定是茶中之王，便下定决心将其移植家中培养。因为该茶为观音托梦所发现，又美如观音重如铁，魏饮便取名为"铁观音"。从此，安溪铁观音茶的美名日渐传播天下。

（七）武夷岩茶

武夷岩茶，系属乌龙茶，产于福建闽北的武夷山一带，外形叶端扭曲，似蜻蜓头，色泽铁青带褐，茶汤具有浓郁的鲜花香，甘沁可口，回味无穷，可以说兼具绿茶之清香、红茶之甘醇，是乌龙茶中的极品，其中又以大红袍享誉世界。18 世纪时，武夷岩茶还曾被欧洲人冠以"百病之药"的美誉。

武夷岩茶图

关于武夷岩茶的传说有很多,其中又以大红袍的传说最具有传奇色彩,流传最为广泛。传说古代有一位秀才进京赶考,却在路过武夷山时病倒了。武夷山的老方丈心怀慈悲,用一碗茶救了他的命。后来这位秀才如愿高中状元,回乡路过武夷山时特意登门拜访谢恩。老方丈陪着新状元游览武夷山,路过九龙窠,但见峭壁上长着几棵茶树,枝繁叶茂,在阳光下闪着紫红色的光泽。老方丈提及当日就是用这些茶树叶泡的茶救了新状元一命。新状元大为吃惊,当即向老方丈讨要了一些茶叶,准备进贡给皇帝。而恰逢皇后凤体不适,新状元就用这些茶叶泡茶献上,皇后果真药到病除。皇帝大喜,赏赐了一件大红袍,让新状元去武夷山代为封赏。新状元又到了九龙窠,命人将大红袍披在那些茶树上,以示皇恩。说也奇怪,待再取下大红袍时,那些茶树便在阳光下闪着红色的光芒。众人皆说这是被大红袍染红的缘故。自此,这些茶树也就被命名为"大红袍"。

(八)君山银针茶

君山银针茶,系属黄茶,产于湖南岳阳洞庭湖中的君山,形如细针,故名君山银针。此茶香气清高,味醇甘爽,汤黄澄高,芽壮多毫,条真匀齐。冲泡后,芽竖悬于汤中,冲升水面,徐徐下沉,再升再沉,三起三落,蔚成趣观。君山银针茶历史悠久,相传文成公主出嫁时就选带了它进入西藏。

君山银针茶原名白鹤茶。相传唐初之时,有一位叫白鹤真人的道士从海外云游归来,并带来了八颗神仙赐予的茶苗,将其种植在君山上。白鹤真人还修建了一座白鹤寺,挖了一口白鹤井。待茶树长成之时,白鹤真人取白鹤井之水冲泡,但见杯中白气袅袅上升,白气之中一只白鹤冲天而上。此茶由此得名为"白鹤茶"。后来,此茶由于深得皇帝喜爱,被列为贡品。

有一年进贡之时，船过长江，由于风浪过大，进贡的白鹤井水一泼而尽。押送的官员害怕之余，便用江水冒充。到了长安后，皇帝泡茶，只见茶叶上下漂浮，却不见白鹤一飞冲天。皇帝纳闷，随口说了一句"白鹤居然死了"。谁料，金口玉言，自此，白鹤井井水干枯，白鹤真人也不知所踪。唯有白鹤茶流传了下来，即为今天的君山银针茶。

君山银针茶图

（九）祁门红茶

祁门红茶，系属红茶，简称祁红，产于安徽省祁门县一带。祁红外形条索紧细匀整，锋苗秀丽，色泽乌润（俗称"宝光"）；内质清芳并带有蜜糖香味，上品茶更蕴含着兰花香（号称"祁门香"），馥郁持久；汤色红艳明亮，滋味甘鲜醇厚，叶底泡过的茶渣红亮。清饮最能品味祁红的隽永香气，即使添加鲜奶亦不失其香醇，实属红茶极品，以"香高、味醇、形美、色艳"四绝驰名于世，有"群芳最""红茶皇后"的美称。

祁门红茶图

相传清光绪时期以前,祁门是只生产绿茶的,且品质较好。直至1875年,黟县人余干臣罢官回家经商,因见红茶畅销利厚,便先在至德县尧渡街设立红茶庄,仿效闽江制法,试制成功。同时,祁门人胡元龙在祁门南乡贵溪进行"绿改红"计划,设立"日顺茶厂"生产红茶。自此,祁门方开始生产红茶,百年不衰。

(十)信阳毛尖茶

信阳毛尖茶,属绿茶类,产于河南省信阳市,具有细、圆、光、直、多白毫、香高、味浓、汤色绿的独特风格,同时有生津解渴、清心明目、提神醒脑、去腻消食等多种营养价值,被誉为"绿茶之王"。

在光绪末年,原是清政府驻信阳缉私拿统领、旧茶业公所成员的蔡祖贤,提出了开山种茶的倡议。当时曾任信阳劝业所所长、有雄厚资金来源的甘周源积极响应,他同王子谟、彭清阁等于1903年在信阳震雷山北麓恢复种茶,成立"元贞茶社",并从安徽请来一名余姓茶师,帮助指导茶树栽培与茶叶制作。后来，茶商唐慧清在"瓜片"炒制法的基础上，把"龙井"的抓条、理条手法融入信阳毛尖的炒制中去，用这种炒制法制造的茶叶就是当今全国名茶信阳毛尖的雏形。

信阳毛尖茶图

第二节　茶之初记载

体会完神奇传说的魅力，我们再来翻阅那些尘封已久的厚重历史古籍。在浩瀚如海的历史记载当中，我们依稀可以追寻到"茶"作为一种特殊的代表在官府、民间的发展路径。从贡品、邑名到生活商品，史书不经意地在字里行间记载了茶的这些最初发展。

一、茶首次成为贡品——周武王

将茶的起源归为神农氏终究只是神话传奇，毕竟神农氏之事太过遥远，无从考察。而就目前已知的可信文献史书来看，茶最早出现于周武王姬发时代。

《华阳国志·巴志》记载有："周武王伐纣，实得巴蜀之师……鱼盐铜铁，丹漆荼蜜……皆纳贡之。"这其中提到的"荼"即为后世所称的"茶"；巴蜀辖地，即为今天的贵州四川一带。从此处记载可以看出，当时巴蜀地区已经开始将"茶"作为贡品献给周武王，这说明当时不但已经发现了"茶"的存在，而且已经能够制作出上好的茶叶、泡出上好的茶水，否则巴蜀地区也绝不敢将茶进贡给周武王。

由此可见，早在三千多年前的西周王朝，茶已经被作为贡品，受到了官府、朝廷的高度重视，享有较高的地位，巴蜀地区也实为中国茶文化的摇篮。

二、以茶封邑名——蜀王封"葭萌"

据记载，我国县名中唯一出现"茶"字的是湖南省茶陵县，始于西汉，是当初茶陵候刘沂的封地。但事实上，茶陵并非最早甚至唯一以"茶"命名的县。据《华阳国志》记载，战国中期周显王二十二年（公元前347年），蜀王把他一个名叫"葭萌"的弟弟分封于汉中地区，号苴侯，并把苴侯所在的那个城邑称作"葭萌"。而这里所提到的"葭萌"即为茶，这一点成书于古代西汉的《方言》可以为证，其中记载道"蜀人谓茶曰葭萌"。《华阳国志》的这一段记载，可谓是最早的关于以茶封邑名的文献资料。

而关于"葭萌"，历史上还有这么一段故事。蜀王弟弟葭萌封王汉中后，不知为何，竟与世仇巴王修好，往来频繁。蜀王得知后，大怒，一挥大军向葭萌兴师问罪。葭萌不敌，逃往巴国。蜀王岂肯

葭萌遗址图

善罢甘休，挥师直捣巴国。而这时候，巴王作了一个致命的决定，那就是向北方秦国求救。而秦国一向是虎狼之国，正值大肆拓张兼并邻国之际，乘机一举灭了蜀国、巴国与苴国。

毫无疑问，在这场战争中，秦国是最大的受益者。它不仅拓宽了自己的领土，还从此知道了"茶"的好处。正如清代顾炎武在《日知录》中所说："自秦人取蜀后，始有茗事。"

从巴人早在周武王时就以茶为贡，到后来蜀人又以茶命名地名的史实来看，三千多年前的先秦时期，巴、蜀两国不但已经饮茶成俗，而且还已经将"茶"发展到了一定的规模。

三、茶成为生活中的商品——武阳买茶

遵循着市场的发展规律，茶在成为贡品之后，再继续不断地向前发展，就会实现市场化、商品化。就目前文史资料显示，茶至少要在西汉时期才成为商品。这一点，可以在西汉王褒的《僮约》一文中得到证实。

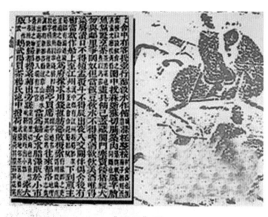

《僮约》图

王褒，西汉宣帝时曾任谏大夫，擅长辞赋，精通六艺。西汉宣帝神爵三年（公元前59年）正月，王褒寄居在一个叫杨惠的寡妇家里。杨寡妇家里有个奴仆叫便了，王褒经常使唤他去买酒。便了却觉得王褒是外人，

并无资格使唤自己，很不情愿，甚至跑到了主人家的坟墓前哭诉。王褒得悉此事，颇为生气，便在正月十五这一天从杨寡妇手里买下了便了。便了跟随王褒之后，心里依旧颇多不满，却也无可奈何，但仍旧要求王褒在契约里写清楚他以后要做的事情，否则不从。而王褒为了教训便了，信笔就写下了这篇长约六百字、题为《僮约》的契约，列出了名目繁多的劳役项目和干活时间的安排，使便了从早到晚不得空闲。不出意料，《僮约》果真达到了教训便了的目的。然而，王褒没有想到的是，他这篇《僮约》契约里的两句话"烹茶净具"和"武阳买茶"，会为中国茶的商业文化历史留下最早最可靠的文字记载，武阳成为中国茶叶历史，乃至世界茶叶历史上第一个被文字记载的最早的茶叶买卖市场。

"烹茶净具"指的是对于煮好的茶要准备好洁净的茶具，"武阳买茶"就是指要赶赴临县武阳去买回茶叶。这两句话充分说明了在西汉时期，茶已经成为生活中的商品，西汉饮茶已经是相当盛行。

第三节　以茶喻德

众所周知，中国传统文化倾向于以物寄情，尤其以文人墨客、名流居士为甚，他们爱以物喻德，寄托自己的情思、壮志，如莲为高洁，菊为隐士，竹为气节等。茶，作为中国传统文化重要的一部分，自然也会发展到具有独特精神意义的一个阶段。而这一点，在茶文化尚未成形的春秋时期、三国时代就已经有所显露。

一、晏婴以茶为廉

晏婴，字平仲，后世也称之为晏子，春秋时期齐国著名的政治家，位居卿相。晏婴是一位政绩显著的政治家，他内辅国政，外使不辱，无论做何事、处何方都时时刻刻地维护着齐国的国威。著名的"晏子使楚""二桃杀三士"的故事都极大地显露出了他的政治才能。

晏婴图

然而，这样身居高位、才能杰出、深得君主心的晏婴，其为人却极为廉洁，生活也极为简朴。相传，即使是担任齐国国相，晏婴三餐吃的依旧是糙米饭，只有三五样荤菜，加上一些以茶做成的"茗菜"。晏婴的廉洁颇为世人景仰，自此，茶开始被赋予"廉洁"的意义，晏婴也赢得了"以茶养廉"的美名，为后人传颂。

这便是最早的"以茶喻德"的典故。不论传说的真实与否，至少茶从此有了精神象征，为后来茶文化的形成开了先河。

二、吴王孙皓以茶代酒

吴王孙皓,字元宗,三国时代吴国的第四代君主。在西晋陈寿所编的《三国志》中,记载着这样一个关于"茶"的故事:吴王孙皓继位后,常常大宴群臣,而每次群宴做客者都至少得喝酒七升以上。其中有一位大臣叫韦曜,以其博学多才而被吴王孙皓重用,其酒量不过二升而已。然而,吴王孙皓对其特为优待,担心他因不胜酒力而出洋相,便暗中赐茶给他来代替酒水。

这便是后世人们常说的"以茶代酒"的典故。"以茶代酒"常被认为是一种大方、文雅之举。而《三国志》的这段记载不仅说明了在三国时期,饮茶已经在孙吴一带普及,还说明了在三国时期,茶已经开始有了"德"层面的意义。或许三国时代的人们还尚未有这样的文化意识,"以茶代酒"也只是偶然而已,

吴王孙皓宴群臣

但无论如何,这种"无意"却注定为后来"茶文化"这颗种子的萌芽提供肥沃的土壤。

第二章

晋代、南北朝茶文化的萌芽

　　晋代、南北朝实在是一段非常奇特的时期：一方面其是历史上的第二个动荡时期，政权更替频繁，国家战乱不断，百姓水深火热；另一方面其却又迎来了中国古代文化史上的又一次思想解放运动，各种文化开始萌芽发展，文化多元，百花齐放。或许是因为更多的国破家亡愁绪激发了文人墨客们的文学才情，或许是因为民族的又一次大迁徙刺激了多元文化的融合创新，在晋代、南北朝这一份特殊营养的滋润下，各种文化都如种子萌芽般纷纷破土而出，茶文化亦是如此。经过长达几个朝代的孕育，茶文化这颗种子终于破土萌芽了。

第一节　逐步形成以茶为廉的风尚

区别于汉代的简朴作风，晋代、南北朝时期，奢侈荒淫的纵欲主义使世风日下，可谓"奢侈之费，甚于天灾"。这时候，一些有识之士深为社会不良风气痛心疾首，开始纷纷以身作则倡导廉俭。而茶，作为早在春秋晏婴时代"廉洁"的代表，就成了这些有识之士的思想导向——以茶为廉抗奢。于是，出现了一批文人、政治家以茶示俭、以茶示廉的事例。

一、东晋陆纳以茶待客

陆纳，字祖言，东晋吴兴太守，为官清廉，生活节俭。据《晋书·陆纳传》记载，陆纳待客，无论权贵，唯有一些水果、茶水而已。有一次，宰相谢安要来访，陆纳却依旧是"所设唯茶果而已"。其侄子陆椒不甚理解，以为叔父小气，便私下里准备了一桌丰盛的酒菜，待宰相来之时，便将酒菜摆了出来。谢安离去后，

陆纳以茶待客图

陆椒自以为会得到叔父夸奖，却不料被陆纳痛打了四十大棒。陆纳教训道："汝即不能光益叔父，奈何秽吾素业？"意思是，你即使不能给叔父增添光耀，为何还要玷污叔父我简朴的家风？

由此可见，陆纳确实是一个廉洁至极之人。在他看来，以茶待客，方是简朴的行为；茶，方是廉洁的象征。

二、桓温举茶宴客

桓温，字元子，东晋时期杰出的政治家、军事家。同陆纳一样，他也是一个以茶示俭的推崇者。据《晋书》记载，桓温出身士族，拜驸马都尉，后又官拜大司马、都督中外诸军事、扬州牧，可谓是极其位高权重之人。

然而，他每次设宴，却只有一些茶果可以待客，生活极其清廉节俭。而这一点从其与陆纳的对话中可窥一斑。桓温曾问陆纳可以饮多少酒，陆纳回答道："素不能饮，止可二升。"而桓温则说自己"饮三升便醉，白肉不过十脔"。由此可以看出，桓温饮茶并非自我标榜、自恃清高，而是其表示节俭的方式。

桓温图

其实无论如何，桓温这样一个权重之人举茶宴客，从一定意义上就显示出了在晋代，茶已经是廉洁精神的代表，以茶为廉的风尚开始形成。

三、齐武帝将茶奉为祭品

齐武帝萧赜，南北朝时期南齐的第二任皇帝，字宣远。在南齐短暂的

23 年发展历史中，齐武帝为国家的稳定与经济的发展作出了一定的贡献，是一位贤良的皇帝。不仅仅如此，不同于一般皇帝的奢侈无度，齐武帝还非常俭朴节约。据《南齐书·武帝纪》载："上刚毅有断，为治总大体，以富国为先，颇不喜游宴、雕绮之事，言常恨之，未能顿遣。"而齐武帝的节俭不只是体现在他日常生活中，甚至

齐武帝图

体现在他自己的丧礼中———一般而言，帝王的葬礼是国丧，声势浩大，祭品丰富奢华，但他特意在遗诏里交代丧礼从简，千万不要用牲畜祭奠，只要供上些糕饼、水果、茶、饭、酒和果脯就可以。

　　这也是茶在周武王时期成为贡品后，又一次在帝王面前扮演的重要角色，即被齐武帝钦点奉为祭品。齐武帝作为一个非常节俭的皇帝，在要求自己葬礼必须从简的时候，却点明了可以将茶奉为祭品。由此可见，在齐武帝心里，或者说在当时的南齐时期，茶已经开始作为"廉俭"风尚的象征，具有精神意义了。而对于齐武帝将茶奉为祭品的典故，后世也评价他为"慧眼识茶"。

第二节　乱世中的精神寄托

　　晋代、南北朝无疑是一个动荡不安的年代。战火不断，朝代更替频繁，百姓流离失所，苦不堪言。可以说，晋代、南北朝是继春秋战国乱世时代之后的又一个乱世。乱世之中，雄心壮志都难酬。于是乎，人们开始追寻

精神寄托，都想借物或抒发自己忧国忧民的情怀，或感叹自己颠沛流离的命运。在这样的背景环境下，茶也就自然而然地成为了一种精神寄托。

一、晋惠帝瓦盂饮茶叹甘甜

晋惠帝司马衷，字正度，西晋第二位皇帝。晋惠帝实在是一位无能的皇帝。他于290年登基，却在291年就让西晋陷入了历时十六年之久的战乱，史称"八王之乱"。在这场战乱当中，晋惠帝毫无作为，始终扮演着一个傀儡的角色，被诸王玩弄于股掌之间，常常随乱军颠沛流离，风餐露宿。哪怕是到光熙元年（306年），"八王之乱"结束，晋惠帝也结束了动荡流亡的生活，回到了洛阳皇宫，他依旧身不由己，甚至连饮食起居都无法做主。因为此时，所有大权都掌控在东海王越手中。

洛阳皇宫虽然金碧辉煌，晋惠帝却从中感受不到一点儿快乐。有一天晚上，一位近臣偷偷送了一碗茶给他。这碗茶的茶具并非什么金银之器，而是一只再普通不过的瓦盂。但是，正是这碗瓦盂盛的茶，却让晋惠帝感到了前所未有的快乐。在黑夜中，他尝到了这碗茶的甘甜，不禁连连感叹。

晋惠帝图

这碗茶，既没有周武王时期作为贡品的尊贵，又没有吴王孙皓"以茶代酒"的风雅，只是一个孤臣无以侍君，万般无奈之下，盛以瓦盂，给君王聊以解渴而已，却让晋惠帝感受到远超周武王、吴王的快乐。一个君王如此，近乎悲哀，却又不难理解。对于一生颠沛流离的晋惠帝而言，这碗茶让他体会到了温暖，他便将自己的情感寄托在了其中。即使是瓦盂而已，即使是茶水而已，也会令他不禁连连感叹甘甜。无论廉价粗鄙与否，茶已经成为了一种精神寄托。

二、大将刘琨以茶抒胸怀

刘琨，字越石，西晋并州刺史、广武侯。刘琨自年少时起就胸怀壮志，青年时与祖逖为友，两人枕戈待旦，意气雄豪。"闻鸡起舞"一词就是出自他二人。奈何生不逢时，西晋动荡，又逢"八王之乱"。刘琨作为一名志士，眼见晋室内讧，天下大乱，北方匈奴等胡族又乘虚而入，攻城略地，天无宁日；自己虽率军于最前线与匈奴抗争，终因势单力薄，丧师失地。

刘琨和祖逖闻鸡起舞图

壮志难酬，刘琨内心常常抑郁难安。而每逢烦闷难解之时，刘琨就会饮茶，以茶解闷，并抒发自己的满腔壮志。刘琨还曾给其担任南兖州刺史的侄子刘演写信道："前得安州干姜一斤、桂一斤、黄芩一斤，皆所须也，吾体中溃闷，常仰真茶，汝可置之。"

由此可见，茶对于刘琨而言，不只是一种解渴饮品而已。对于他而言，茶寄托着他未曾实现的满腔报国之志，喝茶，除了解渴之外，更多的是为了纾解自己的烦闷，抒发自己的胸怀。茶，再次化身为一种精神寄托。

第三节　南北饮茶文化的差异与交融

南北文化素来有较大差异，这一点也同样体现在了晋代、南北朝时期的茶文化上。在南方文人雅士偏爱饮茶，甚至将茶作为一种精神寄托之时，北方却依旧对茶不甚重视。当然这其中有很大的一个原因在于，茶原本多种植于南方，自然在南方更为普及。而北方茶事的相对落后，还在历史上闹出了许多"贬茶"的典故。

一、王濛水厄

王濛，字仲祖，东晋名士，历任中书郎、左长史等职。据《世说新语》记载，王濛为人以清约见称，酷爱饮茶。每当有客人来时，无论是谁，都必当以茶待客。然而，在其担任晋阳侯（晋阳为如今太原）时，其客人多为北方之人，都不甚喜茶，尤其难以忍受茶初入口时的苦涩。因此，士大夫们每前往晋阳侯府时，都略带苦恼，说道："今日有水厄。"

士大夫惧"水厄"图

厄，即为"苦难、灾难"之意。将饮茶比作水的苦难、灾难，可见当时北方之人对茶的态度是与南方人饮茶成风截然相反的。这一句戏言，无论真假，都足以反映当时南北茶文化的差异。而"王濛水厄"也成了茶发展历史上的一个典故。

二、王肃酪奴

王肃，字恭懿，南北朝时期北魏大臣。王肃本为南齐人，因其父举兵失败才逃往北魏。幸得北魏孝文帝赏识器重，取了公主为妻，成为北魏重臣。据《洛阳伽蓝记》记载，王肃极好喝茶，初入北魏之时，仍习惯饮茶，对于北方饮品酪浆是碰也不碰。因极善饮茶，据说一次能喝一斗茶，还得了一个"漏厄"的绰号，意为嘴好像破漏的杯子一样。

几年之后，王肃已经习惯羊肉、酪浆等北方食物。有一次与孝文帝在殿上会餐，孝文帝看见了就觉得好奇，便问："卿为汉人口味，羊肉比鱼羹怎样？茶茗比酪浆如何？"王肃回答道："羊肉是陆地上最鲜美的食物，而鱼则是水中最鲜美的食物。其味道不同，皆为食物珍品。以味道来说，甚有优劣可较。羊肉好比齐、鲁等大邦，鱼好比邾、莒等小国。唯有茶茗不中用，只能为酪浆奴仆。"孝文帝一听，非常高兴。而同席的彭城王元勰则又问道："卿不看重齐鲁大邦，而喜爱邾、莒小国，是为何？"王肃道："乡村小曲之所以好，是因为不常听得到。" 彭城王元勰又说："卿明天来看我，我为卿准备邾国、莒国的食物，亦有'酪奴'。"自此，茶又多了一个别号"酪奴"。

王肃与"酪奴"图

从"王肃酪奴"的典故中可以再次得到证实的是，在北方，茶不仅没有推广普及，还极受达官权贵们的轻视。这与南方帝王、大将看重茶的现象完全相反。可以说，尽管在晋代、南北朝时期茶文化已经开始萌芽，却还是仅仅局限于南方。在北方，茶文化依旧尚未开始形成。

三、隋文帝嗜茶——南北饮茶文化的交融

尽管北方对茶有"水厄""酪奴"的戏称，茶文化作为中华传统文化的一份子，最终还是走向了南北交融的命运之路。而在这个交融过程中，有一位帝王功不可没，那便是隋文帝。

581年，杨坚于临光殿登基为皇帝，定国号为大隋，史称其为隋文帝。590年，隋文帝一统天下，结束了天下近300年的分割割据状态，实现了中国自秦汉以来的又一次大统一。作为开国皇帝，隋文帝毫无享乐奢淫行为。据史籍记载，隋文帝勤于政务，自奉甚俭，常侍于左右的唯茶而已。而《隋书》还记载了一个荒诞故事：有一夜，隋文帝做噩梦，梦见一位神人将其头骨给换了。而梦醒之后，隋文帝便头疼不已。

隋文帝图

后遇一僧人，告诉其道："山中有茗草，煮而饮之当愈。"隋文帝听从服下后，果真头疼痊愈。自此，隋文帝便十分爱茶。

上有帝王爱好，下便有人争相仿之。《隋书》中有诗感叹："穷春秋，演河图，不如载茗一车。"意为想出人头地，与其苦心钻研《春秋》，殚精竭虑演绎《河图》，倒不如有一车茶来得容易。帝王嗜茶，于是全国范围种茶、制茶、饮茶成风，南北皆同。尤其是隋朝时代，南北已经统一，南北茶文化的交融就更加便利无阻。隋文帝或许无所察觉，但其所作所为却实实在在地促进了茶文化的大统一，促进了茶文化在北方的萌芽与形成。

第四节　先秦两汉六朝茶诗

先秦两汉六朝虽是政治混乱不已、社会动乱不堪的时代，但也是思想极为解放自由、文学极具艺术色彩的时代。而就在各类文学思潮缤纷涌现之时，作为仍旧处于萌芽阶段的茶文化却也开始在诗歌艺术的殿堂里悄然舞动。它或许还只是在字里行间崭露头角，只有那么一字半句的分量，但其所具有的宝贵价值却已经不容世人忽视，尤其不容后人研究茶史时视而不见。

一、《诗经》——茶诗的滥觞

《诗经》，中国第一部诗歌总集，成书于春秋时期，收录有西周初年至春秋中期的305篇诗歌，故先秦时期又被称为《诗》《诗三百》《三百篇》，西汉时期始称《诗经》并被奉为儒家经典。《诗经》中的诗作皆为可配乐演唱的乐歌，分为风、雅、颂三部分。风，指地方民歌，涉及15个地方，共160篇；雅，指朝廷乐歌，可分为大雅与小雅，共105篇；颂，指宗庙奏歌，包括周颂、鲁颂、商颂，共40篇。《诗经》对后世诗作的影响是非常深远且巨大的，首开我国古典文学现实主义传统的先河。其中，又以"风"，即民歌部分具有极高的思想与艺术价值。"饥者歌其食，劳者歌其事"，《伐檀》《硕鼠》《氓》等这些反映广大黎民百姓艰辛劳苦生活面貌的作品就是"风"价值的最佳体现。

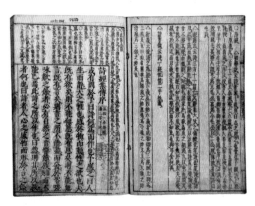

《诗经》图

《诗经》并非一人所作，内容来源也非常广泛。除却周王朝乐官制作了一部分乐歌作品之外，有些学者研究认为，周王朝设有采诗人，专门到民间搜集歌谣，以了解民间的盛衰利弊。既然内容宽广多面，那么也必然会有茶的身影，毕竟"茶之为饮，发乎神农氏，闻于鲁周公"，早在西周周武王时期也已有以茶为贡品的记录，《诗经》可谓是"茶诗的滥觞"。

《诗经》中涉及茶的诗歌共有七首，分别为《郑风·出其东门》《豳风·鸱鸮》《周颂·良耜》《大雅·桑柔》《邶风·谷风》《豳风·七月》《大雅·绵》。这些诗作当中皆有"荼"字出现，如《郑风·出其东门》中的"出其闉阇，有女如荼"、《豳风·鸱鸮》中的"予手拮据，予所捋荼"、《大雅·桑柔》中的"民之贪乱，宁为荼毒"等。而"荼"字是"茶"字出现前表茶意的最广泛运用。

篆书《诗经》图

事实上，这七首诗歌并非严格意义上的茶诗，因此也有人对将《诗经》称为"茶诗的滥觞"持有异议。《诗经》形成时期，茶文化可以说仍在孕育初期，时人对茶的认识并不充足，同时这七首茶诗中的"荼"字解释不一，并非完全代表了如今所指的茶意。然而正所谓，岁月悠长，后人早已无法揣测前人之意。《诗经》形成时期，茶文化刚刚孕育，茶尚未为众人所知。那么，或许就因为这样，当时作诗之人确实指"茶"，却可惜未知"茶"，也并不是没有可能。倘若实在要将"茶诗的滥觞"争出个结果，那么不如就将《诗经》视为"荼字诗的滥觞"。代表着茶的"荼"字最早出现的诗句存在于《诗经》，这一点想必是无法否定的。

二、魏晋时期的涉茶诗

茶文化行至魏晋时代，已有了一定的精神象征。以茶养廉，茶为廉之代表；以茶待客，茶为友好之象征；以茶抒胸臆，茶为内心信仰之寄托。而越来越有灵魂的茶文化也逐渐开始受到文人墨客们的青睐，先后涌现出了一些涉茶诗。

（一）左思《娇女诗》

左思，字太冲，西晋著名文学家、诗人，晋武帝时期曾任秘书郎，其貌不扬却才华横溢，十年著成《三都赋》，被世人称颂一时，造成了"洛阳纸贵"的现象。其诗常有讽喻，意气风发，简洁有力，少雕琢之迹，尤其高出当世诗人，是西晋太康时期最高文学成就的代表。

在左思普遍以抒发抱负不得施展为主题的诗作当中，《娇女诗》是特殊且别致的。全诗共56句，没有端庄华丽的辞藻，而是间或运用俚语，以活泼生动的语言描绘出了左思两个女儿的天真活泼、娇憨可爱，文笔细腻，孩子爱吃、爱玩、爱打扮的纯真天性跃然纸上，同时体现出了左思浓浓的慈父之情。《娇女诗》对后世的影响也是极其深远的，东晋陶渊明的《责子诗》、唐代杜甫的《北征》及唐代李商隐《骄女诗》中都有模仿此诗的痕迹。然而，《骄女诗》的影响还不仅仅如此，其还具有宝贵的茶文化记载价值。

左思图

"吾家有娇女，皎皎颇白皙。

小字为纨素，口齿自清历。

…………

其姊字惠芳，面目粲如画。

轻妆喜楼边，临镜忘纺绩。

…………

止为茶菽据，吹吁对鼎𬭤。

脂腻漫白袖，烟熏染阿锡。

衣被皆重地，难与沉水碧。

…………"

以上14句源自《娇女诗》，曾被陆羽从茶事的角度摘录，记于《茶经·七之事》中。这几句诗大意为两个小女孩纨素和惠芳不仅学习大人对镜梳妆，还想要享受饮茶之乐，于是守着茶炉煮茶，却没有耐心，嫌炉火太小，鼓着腮帮子使劲吹火。待茶水煮沸，两个小女孩白嫩细致的脸蛋已漆黑不堪，衣裳也满是油垢。大人不禁莞尔，她们却依旧要喝茶。这无疑是描绘孩子玩乐嬉戏的场景，却蕴含了极为珍贵的茶文化记载。尽管只有一句"止为荼荈据，吹吁对鼎铄"专写茶事，却已有足够的茶信息。

左思作诗图

　　首先，自《诗经》成书时期至西晋时期已有数百年，尽管已先后涌现了许多名人茶事，但是再无茶诗记载，哪怕是两汉时期的文学巨作《乐府》中也无茶的踪影。而左思《娇女诗》的出现则正好填补了这一空白，成为了名副其实的最早的有文学记载的茶诗。其次，从这段诗句中所描写的"小女孩烹茶"场景可以推断，茶发展至西晋已经较为普遍，至少在官宦人家中是普及的。最后，诗中所言的"鼎"和"铄"，即为煮茶所用茶器"风炉"与"锅"。因此，《骄女诗》可谓是中国历史上最早具有明确茶器具描写记载的文献。

左思的《骄女诗》本是单纯的文学作品，也无借茶咏志之情怀，在当世之时不过尔尔。然而，恐怕连左思也无法想到的是，他在其中对简单茶事的描绘，却促使《娇女诗》成为了茶文化发展史上极为重要的文献资料，流传千古。

（二）张载《登成都白菟楼》

张载，字孟阳，西晋文学家。性淡雅，博闻强识，曾任佐著作郎、著作郎、记室督、中书侍郎等官职，与其弟张协、张亢以文学出众著称于当世，故并称为"三张"。《幼学琼林》对张载曾有"投石满载，张孟阳丑态堪憎"的记载，意为因张载貌丑，幼童常以石投之，故而有"投石满载"之说。此为传说，其真实性仍需考证，然而张载的博学却是可证的。太康初年，张载至蜀，路经剑阁，写下《剑阁铭》，享誉当世。铭文先是描绘剑阁的险要形势，再引古论今，指出国家存亡在德不在险，被誉为"文章典则"，晋武帝更是命人以石镌之。

张载图

《剑阁铭》书法图

事实上，张载蜀地之行的收获不仅仅如此。父亲在蜀任职，张载利用这便利条件，游历蜀地，对其作了多方面深入的考察与了解，也因此帮助过左思撰写《三都赋》，向其提供了详细丰富的岷邛之事的资料。而在此期间，张载游览白菟楼，写下了这首载有茶事的《登成都白菟楼》。

巴蜀茶文化图

这是一首五言古诗，诗中以华丽的笔触与多变的写法描绘了诗人登楼所见之景，有繁荣的成都、雄伟的城楼、华美的街道、富饶的物产、奇珍的特产、杰出的人才等，并最终抒发了登楼感叹。全诗层层铺叙，意境开阔，情景结合，读起来宛若成都之景尽现眼前，令人回味。

38

然而，更重要的在于，此诗不仅赞美了成都的秋橘、春鱼等，还对四川茶品赞誉了一番，"芳茶冠六清，溢味播九区。""六清"即"六饮"，分别指水、浆、醴、凉、医、酏，皆是供君王享用的佳饮。"九区"即"九州"，分别指冀、兖、青、徐、扬、荆、豫、梁、雍，因为指代地域广泛，故又可用"九州"指代全国。在诗人张载的笔下，四川茶饮的醇美已超过了皇帝的"六饮"，其香气美味更是闻名全国。四川茶饮的美味，由此可见一斑。

不仅如此，在晋代茶文化尚未成形之时，蜀地茶饮就已如此普及、远扬，张载的这首《登成都白菟楼》可谓有力地证实了巴蜀地区是中国茶文化的摇篮。陆羽在其《茶经》中就曾引用此诗"借问扬子舍"以下的 16 句诗句，作为引证。

（三）孙楚《歌》

孙楚，字子荆，西晋文学家、官员。孙楚出身于官宦世家，却无纨绔子弟作风，史更是称其"才藻卓绝，爽迈不群"。时人中正王济则赞其曰："天才英博，亮拔不群。"孙楚少时欲隐世，故欲对王济道"当枕石漱流"，却不料误说成"枕流漱石"。于是，王济反问："流可枕，石可漱乎？"孙楚回答曰："所以枕流，欲洗其耳；所以漱石，欲砺其齿。"王济听之，更加对其赞誉不已。

孙楚以其超群的才华，给后人留下了一些作品，如《答弘农故吏民诗》《征西官属送于陟阳候作诗》等，这成为了后世研究这一时期文学创作的宝贵资料。不仅如此，孙楚还为后人研究茶史留下了一笔财富，那便是其所作的《歌》。

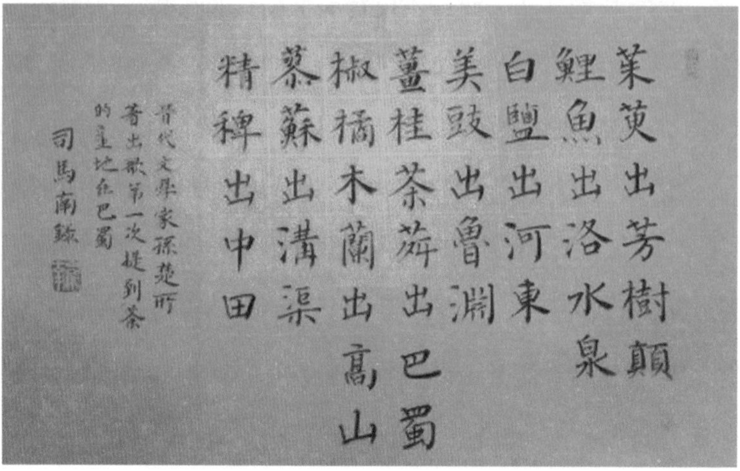

《歌》图

《歌》，也称《出歌》《孙楚歌》。全诗简简单单八句，音节、格律自由，富于变化，却记述了茶事史实。

"茱萸出芳树颠，鲤鱼出洛水泉。

白盐出河东，美豉出鲁渊。

姜桂茶荈出巴蜀，椒橘木兰出高山。

蓼苏出沟渠，精稗出中田。"

八句诗文尽道各种事物的产地：茱萸长于树梢之巅，鲤鱼产于洛水之渊，白盐源于山西，豆豉来自山东。姜、桂、茶、荈源于巴蜀地区，椒、橘、木兰长于高山，蓼苏长于沟渠之中，百米产自良田。然而，就是这简单的几句话却再次证实了茶叶产于巴蜀地区这一铁一般的史实。毕竟，孙楚身在西晋，比之现代更加容易考证、知晓茶的起源。茶文化源于巴蜀且逐渐传播至全国九州，这无疑是不争的事实。

第三章

唐代茶文化的形成

唐朝无疑是一个盛世时代。这种盛世不仅仅是表现在唐朝经济发达，是当时世界上数一数二的国家；更多地还体现在唐朝拥有兼容并蓄的社会风气，提供了一个空前的各种文化交流融合的环境，以促使唐朝文化先进发展，无论是文学、美术、书法，还是宗教、歌舞，都达到了一定的高度。而在这样一个开放包容的盛世环境中，茶文化，这株早已破土而出的芽苗，终于开始茁壮成长，正式成为了中国传统文化中的一个重要部分。

第一节 盛世气象

唐朝自开国以来，帝王就励精图治，一路迎来盛世气象。而在这盛世之中，茶也一路顺利发展，脱离历代"名不正、言不顺"的外衣，开始正式形成一种文化。先是稳定了"茶"字，接着出现了茶史上划时代的标志性人物——陆羽，而后又有《煎茶水记》的茶书传承，茶道的雏形展露，茶的向外传播，这一系列的茶史、茶事都标志着茶文化于唐朝正式形成，自此，茶开始渗透到各阶级层次人物的生活中。

一、"茶"字的形成和稳定

茶的起源，一直扑朔迷离，其中很重要的一个原因就在于"茶"字的形成和稳定经历了一个较为漫长的时期。秦代以前，中国各地的语言、文字并不统一；而待秦统一文字之时，茶却还尚处于被人们认知阶段。这些就导致了茶的名称叫法各地都不同。据陆羽在《茶经》里对茶名称的总结可知，茶在发展历程中先后有过檟、荼、蔎、茗、荈等名称。其中，在"茶"字正式出现以前，以"荼"字的运用最为广泛。而"茶"字本身也是从"荼"字转化而来的。

以"荼"指代茶，早在郭璞所著的《尔雅·释木》中解释"苦荼"时就有体现："树小如栀子，冬生叶，可煮作羹饮。"很显然，这里的"苦荼"

就是指茶。而《神农本草经》中所记的"荼生益州,三月三日采",也是将"荼"作茶用。据有关资料记载,南北朝至唐初,有人甚至就将"荼"字读作"茶"音。

"禅茶一味"书法图

然而,这样一来,"荼"字不但是一个多义字,还成为了一个多音字,而这并不方便使用。唐高宗显庆年间,长孙无忌被贬,闲来无事便与苏恭等人为李绩的《唐本草》加注。就是在做这加注的工作中,"荼"字被去掉了一横,字、音、义统改,"茶"字作为一个新生字进入了人们的生活。而后开元年间,唐玄宗正式颁旨开始全国通用这个字。到陆羽著《茶经》时,茶字的使用已经多了起来。至此,"茶"字便正式稳定了下来,而且随着时间的推移,逐渐地就完全替代了其他代用字。

二、茶圣陆羽

(一)陆羽与《茶经》

陆羽,字鸿渐,一名疾,字季疵,号竟陵子、桑苎翁、东冈子,又号"茶山御史",世称陆文学。一生嗜茶,精于茶道,是唐代著名的茶学专家,以著世界第一部茶叶专著《茶经》闻名于世,对中国和世界茶业发展作出了卓越贡献,被誉为"茶仙",奉为"茶圣",祀为"茶神"。

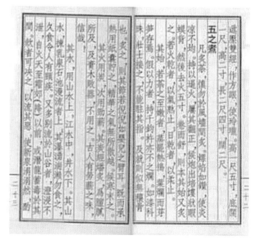

陆羽品茶图

陆羽一生传奇，学识渊博，诗文极佳，著作颇丰，成就非凡。而其中最为杰出、具有代表性的成就就是其编著《茶经》。《茶经》内容分为"一之源""二之具""三之造""四之器""五之煮""六之饮""七之事""八之出""九之略""十之图"共十个方面，涉及茶的各个领域，提出的"煮茶法"更是影响后世极深。可以说，陆羽的《茶经》，是唐代和唐代以前有关茶叶科学知识和实践经验的系统总结，是陆羽躬身实践，笃行不倦，取得茶叶生产和制作的第一手资料，又遍览群书、广采博收茶家采制经验的结晶。自此，"茶学"雏形显现。后世众人研究茶，均是在《茶经》的基础上，或是模仿，或是补充，或是创新，从而不断地丰富充实"茶学"的内容。

在中国的茶文化史上，陆羽所创造的一套茶学、茶艺、茶道思想以及他所著的《茶经》，是一个划时代的标志。陆羽与所有封建社会的士人一样，对中国儒家学说悉心钻研，深有造诣；但又不像一般文人为儒家学说所拘泥，而能入乎其中，出乎其外，把深刻的学术原理

《茶经》部分图

融于茶这种物质生活之中，从而创造了茶文化。可以说，正是陆羽以及陆羽《茶经》的问世，才系统全面地传播了茶叶的科学知识，对茶叶的生产与发展起到了积极的促进作用，标志着茶文化这株经过历代孕育萌发出来的芽苗已经在大唐这片自由的土地上开始茁壮成长。

（二）陆羽分辨南零水

陆羽嗜茶，更讲究煎茶之水。据《煎茶水记》记载，唐代宗时期，湖州刺史李季卿在路过扬州时与陆羽相逢。李季卿久仰陆羽大名，一朝相逢，喜不自胜，当即邀请陆羽一同吃饭。席间，李季卿道："陆君善茶，已是天下闻名；这扬子江的南零水也为天下第一名水，今天'二妙'相聚，可谓千载难逢，岂能虚度！"于是马上就命随行的一位侍从去取南零之水，而陆羽则备好煎茶器具等待。

过了一会儿，侍从取水回来。陆羽取了一勺，看了看却说："这水并非南零之水，而是临岸的江水而已。"取水侍从辩解道："这水乃是我坐船去取回的，那么多人都看到了，怎么会不是南零之水？"陆羽不答，只是将水倒出了一半，然后才说道："这才是南零之水。"侍从大惊，只好回道："其实我确实是取了南零之水，却在船回岸之时洒了一半。我怕您嫌水不够，便又装了一半江水进去。处士您真是好鉴别力！"李季卿和宾客数十人听罢都大为吃惊。

（三）茶圣明鉴谷帘泉

陆羽乃鉴水之神并非只有"南零水"一例可以证明。陆羽鉴别"谷帘泉"也是茶史上一大美谈。

陆羽曾应洪州御史萧瑜之邀前往做客。在两人闲谈之中，陆羽提到谷帘泉当为天下第一泉，萧瑜却不以为然："天下名泉甚多，为何评谷帘泉为第一？"陆羽并不多作辩解，只是请萧瑜命士兵去汲取谷帘泉水回来品评。

两日之后，士兵汲水而归。陆羽亲自以泉水煮茶，请在座的宾客品评。众人饮后，频频举盏，连连赞叹，更有人道："鸿渐兄不愧是鉴泉高手，这谷帘泉不愧为天下第一泉。"陆羽听后颇为高兴，举盏饮茶，却皱眉呼道："这水恐怕不是谷帘泉水吧？"

众人闻言愣住，萧瑜便把取水士兵叫来询问，而士兵却一口咬定这就是谷帘泉水。正当这难以定夺的时刻，江州刺史张又新扛了一缸谷帘泉水前来助兴，原来他听闻陆羽在此又最爱谷帘泉，便赶来拜见。

于是，陆羽便用这谷帘泉水重新煮茶给众人品评。不怕不识货，就怕货比货。很快，众人便明白了什么才是真正的谷帘泉。

而一旁的士兵吓得就把一切招了出来：原来，他确实是去取了谷帘泉水。却不料在途经鄱阳湖时因风浪太大将坛子给打翻了。为了不误时，他便汲了鄱阳湖水回来。原以为不会有人知晓，谁知却被陆羽一"口"识破。

（四）积公品渐儿茶

陆羽鉴水如神，其师积公也是品茶如神。积公即当时竟陵龙盖寺住持智积禅师。据《陆羽点茶图跋》记载，积公嗜茶，却非渐儿（陆羽字鸿渐）煎茶不喝。待陆羽因游历江湖离开积公，无法煎茶侍奉其左右后，积公也就绝茶多年。

后来，唐代宗听闻积公大名，便将其召唤进宫，还命宫中煮茶好手以茶侍奉。但积公却只是小啜一口，便不再饮。初时，唐代宗以为积公摆架子，颇为生气；后命人打听到个中缘由之后，便派人设法去找到陆羽，秘密召入宫中。一日，唐代宗在赐予积公斋饭时，就命陆羽煎茶；饭后，派人将陆羽所煮之茶奉上。积公一见该茶，大喜，立即双手捧杯细细品茗、回味，不知不觉间就将一盅茶喝尽。唐代宗颇为惊讶，便问其原因。积公回答道："这茶真像渐儿所煮，我很高兴，便将其饮尽了。"唐代宗叹服积公品茶如神，便唤出陆羽与之相见。

三、饮茶品水——《煎茶水记》

从陆羽鉴水的诸多典故可以看出，水对于茶而言是至关重要的。而谈及煎茶用水，就不得不提《煎茶水记》这篇著作。

《煎茶水记》，唐代张又新著，全文约 900 字，根据陆羽《茶经》的"五之煮"略加发挥，尤重水品，故又被称为《水经》《水说》《水品》。此文短小精悍，却又列尽煮茶的好水：前列刘伯刍所品七水，次列陆羽所品二十水。不仅如此，张又新还在文中附加自评感受。

尽管《煎茶水记》不像《茶经》是部划时代经典巨作，但不可忽视的是，《煎茶水记》是茶著作的一个伟

《煎茶水记》图

大传承，是饮茶品水方面的参考茶书。尤其是对于爱茶讲究之人而言，煮茶之水无比重要，《煎茶水记》也因此显得尤为难能可贵。

四、茶道雏形——奚陟摆茶会

唐代茶文化形成的表现之一就是茶道雏形的出现。与陆羽同时期的封演曾在《封氏闻见记》中记到：“因鸿渐之论广润色之，于是茶道大行，王公朝士无不饮者。”这是“茶道”一词的最早记载。那么，唐代茶道到底是怎样的呢？据现有资料来看，并无太多详细记载，唯从宋太宗敕撰的《太平广记》中的“奚陟摆茶会”可见一斑。

《太平广记》图

奚陟为唐代宗大历末年进士，唐德宗时累进中书舍人。待其成为吏部侍郎时，饮茶已为唐人所推崇。生性奢侈的奚陟追随风气，在家中购置了一套当时即使是在公卿家中也难得一见的精致茶具。一日，奚陟邀请了一批官场同僚在家中举办茶会。当时客人二十多个，奚陟坐在了东侧首位，而奉茶的人却从西侧客人开始。喝茶的人众多，而茶碗却只有两个，茶量又少，加之客人的嬉笑、闲谈，茶碗传递得就越发地慢了。

这时，一位下属匆匆地拿着账本和笔砚进来要求奚陟签押。天热口渴，奚陟本就烦躁，看到下属如此不识趣，又满脸油光、丑陋不堪，一股厌恶之情油然而生，就一把推开了他。这位下属猛然被推，一下子就倒在了地上，研墨四溅，他的脸上和账本被染得乌黑一片，引得众人一阵哄笑。

从这则故事中隐约可以看出，唐朝时的茶会是非同一般的，它已经具有一定的规则：要有一套较为讲究、精致的茶具，众人需要分坐在东西两侧，由专门的人为客人奉茶，茶碗只能用两个且茶量不多。而这些规则可以说是最初茶道的雏形。

五、饮茶之风由中原向外的传输

唐代茶文化的形成，还表现为饮茶之风由中原向外的广泛传输。《新唐书·陆羽传》记载："回纥使者入朝，始驱马市茶。"回纥是当时位于西北的游牧国家，故而这是茶之往北。《旧唐书·懿宗本纪》记载："安南如圆、溪峒之间，悉藉岭北茶药。"安南即为今越南，故而这是茶之往南。《藏史》记载："藏王松冈布之孙时，始自中国输入茶叶，为茶叶输入西藏之始。"这是茶之往西南。

以上这些史籍资料无不体现了唐朝时，由于社会风气的开放，中外交流的频繁，饮茶之风不断地由中原向外传输。而到了中唐，有些地方饮茶之风的盛行甚至堪比大唐。据唐代李肇《唐国史补》记载，常鲁公奉旨出使西蕃，有一天他在帐营中煮茶自饮。恰好藏王看到，便询问道是什么。常鲁公回答："这是可以去人烦恼、解人干渴的茶。"藏王听完，恍然大悟地说道："这东西我们这儿也有。"并指着侍从取来的茶说："这是寿州出产的，这是舒州的，这是顾渚的，这是蕲门的，这是昌明的，这是渑湖的……"要知道如今记载在案的唐代名茶不过二十多种，而藏王却能即刻就拿出六种，并如数家珍。由此可见，当时即使是远在西南的西藏，饮茶之风也已传入，并且十分盛行。

第二节 唐代的茶与政治

唐代茶文化兴起的一个重要标志就是其开始渗入了政治——朝廷、法律、官府都纷纷在一定程度上重视茶文化，并建立、制定相应的制度、法律来管理，更有甚者，茶已经重要到可以与加官进爵挂钩。茶，发展到这个时候，已经不只是一种留存于市井的饮品，也不只是文人墨客寄托情怀的对象，而是开始扮演起了一定的政治角色。

一、唐代贡茶制度

唐代是中国封建社会的鼎盛时期，政治统一、经济繁荣、文化发展。在这样的朝代背景下，王孙贵族们比任何时候都要重视文化生活。加之唐代佛教兴盛，皇室又崇尚、信仰佛教，把茶作为礼敬佛祖的最高礼仪，茶文化得到了空前的政治重视，自然而然地发展起来，"贡茶"这一早有历史记载的事迹，便在唐代成为了一种制度。

唐代贡茶制度分为民贡和官焙两种形式。民贡即朝廷选择茶叶品质优异的州定额纳贡，如常州阳羡茶、湖州顾渚紫笋茶、睦州鸡坑茶、舒州天柱茶、宣州鸦山茶、饶州浮梁茶、溪州灵溪茶等名优茶都需要定期定额向朝廷进贡。而官焙则是指朝廷选择茶树生长品质优异、产量集中、交通便利的区域直接设置贡茶院，专业制作贡茶。据《南部新书》记载："顾渚贡焙岁造一万八千四百八斤。"这里的顾渚即是指顾渚山，大历五年，唐朝廷曾在此设立"贡茶院"，茶厂三十间，役工三万人，工匠千余人，岁造紫笋茶。

唐代贡茶制度的确立反映了茶文化发展的又一个阶段，即宫廷茶文化的形成。茶已经不只是民间的一种文化，它披上政治的面纱，衍生了另一种不一样的发展方向。

二、茶税之法

（一）唐德宗首立茶税

唐代政治重视茶的另一个表现就是茶税之法的确立。而论及茶税，就不得不提到唐德宗。

唐德宗李适，唐朝第十位皇帝，于"安史之乱"平定后即位。由于年少经历过战乱，知晓民间疾苦，在位前期，颇为励精图治，强兵强政，废除租庸调制以及一切苛杂，实行两税法，适应了贫富不均、土地集中的社会状况，具有一定的进步意义。然而，唐建中四年（783年），唐德宗听信户部侍郎赵赞之言，认为饮茶之风已在百姓中风行，茶已经像盐和铁一样为日常必需品且有利可图，便开始征收茶税。茶税之法自此被建立起来，后经过历代修订，逐渐得到完善。然而唐德宗不知道的是，他这一决定虽然为李唐王朝带来了滚滚财源，却也导致了无数百姓为此丧命。

唐德宗图

但无论如何，唐德宗首立茶税确实是茶文化发展史上的一件大事。自此，茶在历代封建王朝中扮演起了不可忽视的角色，已经无法再从整个社会中剥离。

（二）李希烈破茶税

事实上，唐德宗于建中四年（783 年）颁布茶税，却又于次年取消了。深究其原因在于，这期间爆发了不亚于"安史之乱"的李希烈反唐战乱。

李希烈图

李希烈，原为淮西节度使，建中二年，受唐德宗命带兵消灭割据在湖北的山南东道节度使梁崇义。孰料，李希烈却占据梁崇义地盘，日渐跋扈。建中三年，李希烈以十四州正式反唐，并联合其他节度使举兵直指长安。

唐德宗见势不妙，急忙派兵镇压，却不敌叛军势力，无奈之下一路出逃。而其逃离奉天（今陕西乾县）时，不禁对这次叛乱进行了思考，认为是由对茶漆竹木征税所引起的，因此后悔不已。于是兴元元年（784 年），即建中四年次年，唐德宗就下诏罢免茶漆竹木之税，以收买民心。此后，唐朝茶税一度被免除，直至贞元九年（793年），方又开始对茶叶征税。

茶税颁布以来，祸害不少百姓家庭。而李希烈反唐，虽旨不在茶税，却无意间迫使唐德宗废茶税，在一定程度上减轻了黎民百姓的税负重担。当然，战乱同样祸害民间，李希烈的反叛也给百姓带来了不小的伤害。这二者，孰轻孰重，难以衡量，而唯一可以断定的是，李希烈破茶税是茶发展史上的又一件大事。

（三）唐文宗免"冬茶"

唐文宗李昂，唐朝第十四代皇帝，十八岁登基，怀有一腔治国之心。他年少时就爱读《贞观政要》，十分推崇唐太宗的为政之道，对其父兄两朝（唐穆宗、唐敬宗）的奢华糜烂作风颇为不满。因此即位后，唐文宗崇尚节俭，克己复礼，颁布的第一道诏书就大行"俭约"之举。据《旧唐书》记载，大和七年正月，江南和四川两地向朝廷进贡了一批新茶。由于这批茶是在冬天用新办法制作出来的，又称"冬茶"，比其他地区早上贡许久。原以为可以得到帝王额外嘉奖，却不料唐文宗为人节俭，不喜奢靡，更不喜欢这种违背自然规律生产出来的东西，他立马就下一道诏书，免除了"冬茶"进贡，要求两地以后在立春后制茶进贡便可。

唐文宗图

然而，遗憾的是，唐文宗虽怀有满腔治国之心，却无治国之才略。他虽体恤民情，免除了"冬茶"，却在大和九年实行起了"榷茶之法"，对茶叶实行起了强制性的官制、官买、官卖，手法强硬，一时之间民间怨声载道。后虽因"甘露之变"废除，民心却也因此流失严重。

三、马殷以茶换封爵

唐末天下大乱，藩镇割据严重，中原王朝更替频繁，南方割据势力各自为国，史称"五代十国"。而在这南方十国当中，楚国凭借其立国者马殷的开拓，以茶叶强国，国力富足。

马殷图

马殷，字霸图，出身贫寒，也曾行军打战，任军都指挥使、军队主事，后又被唐朝廷任命为潭州刺史、武安军节度使。马殷初为节度使时，兵力单薄，四面围敌，寝食难安。后问计于部将高郁，在高郁的建议下，马殷一面设店经商，一面尊礼敬奉中原，以此求得封爵。那么，马殷用什么敬奉中原王朝呢？据史记载，别无其他，唯茶而已。而后，五代中后梁帝封马殷为楚王；后梁灭、唐起，马殷又被封为楚国王。

可以说，马殷之所以能在中原朝代更替中一路封爵，茶是功不可没的。而马殷不只是以茶换封爵，其在富国强兵上也很好地利用了茶叶：不仅允许"官商"经营茶叶，还鼓励百姓自造茶叶买卖，不遗余力地发展商业。而茶发展至此，可以说无论是在民间，还是在朝廷政治里，都已成为了举足轻重的角色。

第三节　唐代茶文学

论及唐朝，就不得不提唐朝蓬勃的文学艺术。前、中期的鼎盛局面、开放包容的社会氛围，给予了文人墨客们挥洒满腹才华的极大空间；后期动荡不安、颠沛流离的生活，则又激发了他们满腔的忧思愁绪。这些都促使了文学的创作与诞生。同花鸟星月一样，茶作为唐朝江山不可忽略的一分子，也被众多诗人加以引用、创作，从而诞生了许许多多的茶文学。

一、唐代茶诗

唐代文学的一颗璀璨明珠就是诗歌。而茶作为一种融入唐人生活当中的文化，渗入诗坛则是必然。许多著名诗人，如白居易、李白、卢仝、皎然、齐己上人、皮日休、陆龟蒙、杜牧、刘禹锡、温庭筠、韦应物、孟郊、颜真卿、岑参等都写过咏茶诗。据《全唐诗》统计，唐代有茶诗 500 篇，有茶诗作的诗人或者说文学家有 130 余人，诗体涉及古诗、律诗、绝句、宫词、联句、宝塔诗等，内容涉及陆羽、名茶、茶具、茶园、茶功能、采茶、造茶、煎茶、饮茶等各个方面，茶诗可谓成风成派。

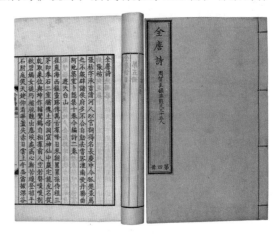

《全唐诗》图

（一）白居易

将茶文化很好地移入诗坛，使得茶不仅能与"柴米油盐酱醋"为伍，还能与"琴棋书画诗酒"做伴，开一代茶诗之风的茶史功臣当属号称"别茶人"的白居易。

白居易图

白居易，字乐天，号香山居士，又号醉吟先生，是唐代伟大的现实主义诗人，有"诗魔""诗王"之称，其诗歌题材广泛，形式多样，语言通俗。据史籍记载，白居易极爱茶，终日乃至终生与茶为伴，且善辨茶的好坏。据统计，白居易存诗2800首，酒主题的有900首，茶主题的有8首，而叙及茶事、茶趣的则有60多首，堪称之最。即使是在其代表作，著名的千古名诗《琵琶行》中，白居易除了表达封建社会对妇女的残害之外，也为茶史留下了一段可考证据："商人重利轻别离，前月浮梁买茶去。去来江口守空船，绕船月明江水寒。"白居易对茶还极其讲究，有诗可证："坐酌泠泠水，看煎瑟瑟尘。无由持一碗，寄于爱茶人。""吟咏霜毛句，闲尝雪水茶。"

白居易爱茶，其朋友便常给他寄茶。白居易任江州司马时，有一次生病，其朋友四川忠州刺史李宣寄来了一包新茶，他欣喜若狂，当即写下了《谢李六郎中寄新蜀茶》："故情周匝向交亲，新茗分张及病身。红纸一封书后信，绿芽十片火前春。汤添勺水煎鱼眼，末下刀圭搅曲尘。不寄他人先寄我，应缘我是别茶人。"充分表达了他的欣喜之情与对朋友的感激之情。而白居易也因此诗被世人称为"别茶人"。

事实上，茶对于白居易而言不只是一种不离手的饮品，其中更多地还寄托了他忧国忧民的情思、渴望为国作贡献的壮志及超尘脱俗的洒脱情怀。如白居易在被罢官之后，就写有《琴茶》一诗："兀兀寄形群动内，陶陶任性一生间。自抛官后春多梦，不读书来老更闲。琴里知闻唯渌水，茶中故旧是蒙山。穷通行止常相伴，难道吾今无往还？"充分表达了其"达则兼济天下，穷则独善其身"的观点，将茶与爱国情怀连接在一起，也可谓寄情于茶的最高境界。

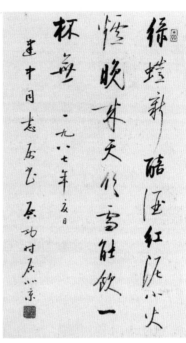

书法欣赏之白居易诗作图

可以说，对于"别茶人"白居易而言，茶是生活中无法割舍的一部分：读书要饮茶，"起尝一甄茗，行读一卷书"；吟诗要饮茶，"或饮一瓯茗，或吟两句诗"；食罢要饮茶，"尽日一餐茶两碗"；睡起要饮茶，"食罢一觉睡，起来两瓯茶"；酒渴要饮茶，"酒渴春深一碗茶"；待客要饮茶，"茶果迎来客"；病来要饮茶，"病来肺渴觉茶香"；供清弄雅要饮茶，"融雪煎香茗"……正因为如此，白居易才会流传下如此众多的咏茶诗、涉茶诗，为后人吟诵。

（二）李白

李白图

李白，字太白，号青莲居士，又号谪仙人，唐代伟大的浪漫主义诗人，被誉为"诗仙"，与杜甫并称为"李杜"，留有诗文千余篇，有《李太白集》30卷。李白天性爽朗大方，爱四方交友，且才华横溢，青少年时期就写有诗篇《访戴天山道士不遇》《峨眉山月歌》等，光芒显露。其诗歌总体风格洒脱豪迈、气势磅礴，却又清新飘逸，有着"清水出芙蓉，天然去雕饰"之自然美。同时，李白的诗歌不仅能反映唐王朝的兴盛繁荣，还能大胆无畏地揭露出统治阶级的荒淫、腐朽，表现出他自身强烈的反传统约束、蔑视贵族、追求自由和理想的积极浪漫精神。相传，李白爱饮酒作诗，号称"酒仙"。但事实上，李白也极爱饮茶，或许是酒兴掩盖了茶兴，李白茶诗不多，流传至今的仅有《答族侄僧中孚赠玉泉仙人掌茶》一首。

"尝闻玉泉山，山洞多乳窟。仙鼠如白鸦，倒悬清溪月。

茗生此中石，玉泉流不歇。根柯洒芳津，采服润肌骨。

丛老卷绿叶，枝枝相接连。曝成仙人掌，似拍洪崖肩。

举世未见之，其名定谁传。宗英为禅伯，投赠有佳篇。

清镜烛无盐，顾惭西子妍。朝坐有余兴，长吟播诸天。"

唐玄宗天宝十一年（752年），李白于金陵栖霞寺偶遇族侄中孚禅师，并获中孚禅师相赠仙人掌茶数十斤，于是李白便应其要求，以诗作答，遂有此作。在这首咏叹名茶——仙人掌茶的茶诗中，李白运用雄奇豪迈的诗句将仙人掌茶的出处、品质、功效等呈现于世人眼前。前四句描写了仙人掌茶的生长环境与功效，乃为得天独厚、良效颇多。而紧接着的一句又道明了仙人掌茶树的外形。"曝成仙人掌"点明了仙人掌茶的做法，同时这一句也是目前发现的最早晒青史料。晒青是最早最原始的成茶方法，但在此之前古代所有其他文史资料中均无记载，此为第一处，证实了唐朝已有晒青的存在。而后李白还表达了对中孚禅师的赞誉，希冀其能到达西方极乐世界。

书法欣赏之李白诗作图

尽管历史并无李白茶事留下，也没有道明李白爱茶，但是就这么一首咏茶诗却已经可以让世人体会到李白爱茶、懂茶之心，否则断无可能在诗中道尽仙人掌茶的各个方面。而这首咏仙人掌茶的诗，也成了"名茶入诗"最早的诗篇。

（三）皎然

皎然，字清昼，唐代最有名的诗僧、茶僧，俗姓谢，是中国山水诗创始人谢灵运的后代，在文学、佛学、茶学等方面有着深厚造诣，堪称一代宗师。其诗风清丽淡雅，所著《诗式》为当世诗歌作品中的佼佼者。皎然被时人称为"江东名僧"，与诗僧贯休和齐己齐名。历史给予皎然极高的文学评价，世人知其文学地位，却不知其在茶文化上的极高成就与贡献。如果说，陆羽是中国茶业、茶学之祖，那么皎然就是中国茶文化、茶道之父。

皎然与陆羽品茗图

据史记载，皎然与陆羽十分交好，两人常常一起品茶论茶、研讨茶道、切磋茶诗。皎然就曾作诗《九日与陆处士羽饮茶》，以记两人饮茶之乐。皎然年长于陆羽，可谓是陆羽的老师、兄长、笃友，曾无私地帮助陆羽进行茶学探究，并帮助其完成茶学巨著《茶经》，却不留任何名号。不仅如此，皎然作为一名高僧，将佛学与茶学进行了伟大交融，是佛学茶事的集大成者，是"佛茶之风""佛禅茶道"的探路者，是以茶为饮之风的积极推广者，是最早"品茗会""斗茶赛""诗茶会"的倡导者，是茶文学的开创者，在茶诗方面首开了千古佳作之先河。

　　唐德宗贞元元年（785年），皎然同好友崔刺史共品越州茶，兴致极高之际，作诗《饮茶歌诮崔石使君》。题中"诮"字虽含讥嘲之意，但全诗意在探讨品茶之艺术境界，倡导以茶代酒的茶饮之风。诗中"一饮涤昏寐，情来朗爽满天地。再饮清我神，忽如飞雨洒轻尘。三饮便得道，何须苦心破烦恼"道出茶在精神上的功效——能够助人超凡脱俗，实乃饮茶的极高境界。"孰知茶道全尔真，唯有丹丘得如此"指出古时道教丹丘因饮茗得以羽化，将茶与儒、佛、道家的思想融合在了一起。

书法欣赏之皎然诗作图

此外，皎然还有许多脍炙人口的茶诗，如《九日与陆处士羽饮茶》"俗人多泛酒，谁解助茶香"，认为俗人方尚酒，倡导以茶代酒、识茶香；《饮茶歌送郑容》"常说此茶祛我疾，使人胸中荡忧栗"，认为茶能祛病退疾，洗涤内心忧郁……

有学者认为，继李白之后，能将道教文化蕴含于茶诗并有所超越者当属皎然。这还是低估了皎然在茶文化上的贡献。作为一位佛门高僧，皎然是超尘脱俗的，其致力于茶文化、茶道，却又不局限于其中。所做茶事，所行茶为，所吟茶诗，皆是清新脱俗，缥缈俊逸，蕴含了无尽的世间哲学道理，对茶学的贡献无法估计。皎然实为当之无愧的茶文化、茶道之父。

（四）元稹

元稹，唐朝著名诗人，曾官至宰相，诗风言浅意哀，十分扣人心弦、动人心扉。元稹著作颇丰，代表作有《菊花》《离思五首》（其四）和《遣悲怀三首》（其二）等，其中尤以《离思五首》（其四）中的比兴之句"曾经沧海难为水，除却巫山不是云"极负盛名，被传为千古佳句。元稹曾与白居易共同倡导新乐府运动，也因此二人并称为"元白"。

元稹图

关于元稹茶事，史籍并无太多记载；关于元稹茶诗，诗书也无太多记录。然而值得乐道的是，元稹曾作了一首宝塔体咏茶诗《一字至七字诗·茶》。宝塔诗一字起句，依次增加字数，逐句成韵。

从一字至七字，对仗工整，声韵和谐，节奏明快，朗朗上口。古往今来，诗人不乏作宝塔诗的：白居易曾赋"诗"，王起、张籍曾赋"花"，刘禹锡曾赋"水"，李绅曾赋"月"，韦式曾赋"竹"等。然而，宝塔体的茶诗，却仅有元稹的这一首，弥足珍贵可想而知。

《一字至七字诗·茶》图

茶

香叶，嫩芽。

慕诗客，爱僧家。

碾雕白玉，罗织红纱。

铫煎黄蕊色，碗转曲尘花。

夜后邀陪明月，晨前独对朝霞。

洗尽古今人不倦，将知醉后岂堪夸。

63

此诗是元稹与王起等人为送白居易去洛阳，在茶宴上即兴所赋（诗前有序曰："以题为韵。同王起诸公送白居易分司东郡作。"）全诗一开头就点明主题；而后是描写茶的味道和外形——味香、形美；再用倒装手法指出诗人、僧人皆爱茶；紧接着"碾雕""罗织""铫""碗"道尽制茶、烹茶艺术；"夜后""晨前"则指明饮茶环境与习俗；最后一句点题而出，升华到饮茶的境界：饮茶能洗尽古今之人的疲倦、醒醉酒之苦。这首咏茶诗虽只有短短几句，却描绘了茶的六个方面：茶形、茶人、茶具、烹茶、品茶、饮茶境界，可谓构思巧妙、十分有趣，堪称咏茶诗中的绝妙之作。

（五）卢仝

卢仝，自号玉川子，中唐诗人，韩孟诗派的重要代表人物之一。卢仝博览经史，工诗精文，家境贫困却一生不愿进仕，性格狷介雄豪，颇有韩愈、孟郊之范。其诗风浪漫且奇诡险怪，被宋代严羽于《沧浪诗话·诗体》中认定为"卢仝体"，并冠以"怪"名。

卢仝品茶图

卢仝爱茶成癖，一生著有《茶谱》与茶诗若干，被世人尊称为"茶仙"，杜牧就曾作诗"谁知病太守，犹得作茶仙"来体现卢仝对茶的研究之深。其茶诗《走笔谢孟谏议寄新茶》更是被千年传唱，又以其中的"七碗茶诗"最为经久不衰、广为人知。

"⋯⋯⋯⋯

一碗喉吻润，二碗破孤闷。三碗搜枯肠，惟有文字五千卷。

四碗发轻汗，平生不平事，尽向毛孔散。

五碗肌骨清，六碗通仙灵。

七碗吃不得也，唯觉两腋习习清风生。

⋯⋯⋯⋯⋯"

元和七年（812年），友人孟简赠阳羡茶于卢仝，卢仝欣喜之余，即兴写下了这首茶诗。全诗一气呵成却不拘一格，句式长短不一却错落有致，奇谲特异却挥洒自如。诗文分为三个层次，先是描写收到新茶的惊喜之情，认为此茶至好、至珍、至贵，竟到了"山人家"，有受宠若惊之感，

《走笔谢孟谏议寄新茶》图

表达出对茶的喜爱与对友人的感激之情；再描写烹茶之景与饮茶之感，佳茗当前，不禁连饮七碗，但觉两腋清风徐徐，欲乘风前去蓬莱山，浪漫至极；最后笔锋一转，诗人由佳茗念及茶农之苦，为民请命，希望居高位者能知晓茶农采茶之险、制茶之苦，饱含了对劳苦人民的深切同情。层层分明、

丝丝入扣，既写活饮茶之乐，又道尽忧民之心，这样的诗作不愧为千古传诵的佳作。

不仅如此，诗中蕴含的复杂思想与丰富情感——儒家、道家思想及对朋友的感激之情、对茶的喜爱之情、对天下百姓的担忧之情、对君王的希冀之情，更是让人感同身受。而其中的"七碗茶诗"，更是流传至日本，直接促使日本形成了"喉吻润、破孤闷、搜枯肠、发轻汗、肌骨清、通仙灵、清风生"的茶道内涵。

（六）"皮陆"

"皮陆"，即皮日休和陆龟蒙。二人皆为晚唐文学家，志趣相投，相交甚好，时常作诗唱和，故被世人称为"皮陆"。

陆龟蒙作品图

皮日休，字袭美，自号鹿门子，又号间气布衣、醉吟先生。其出身寒苦，诗作多反映对封建王朝黑暗统治的不满，认为"有不为尧舜之行者，则民扼其吭，摔其首，辱而逐之，折而族之，不为甚矣"。

陆龟蒙，字鲁望，自号江湖散人、甫里先生，又号天随子。幼时就已倍加聪颖，尤擅长以散文借古讽今，讥讽、揭露当世社会的黑暗与统治者的腐朽不堪。咸通十年（869 年），皮日休为苏州刺史从事，与陆龟蒙相识，两人相谈甚欢，结为挚友，又因皆爱茶，常常一起品茶鉴水，吟诗唱和，好不欢喜。

书法欣赏之皮日休作品图

皮日休爱茶，常常觉得未能在自己的诗歌中记录茶事是一大遗憾，故特此创作诗歌集《茶中杂咏》，包含茶诗 10 首。而后，皮日休又将《茶中杂咏》送呈好友陆龟蒙。陆龟蒙读后大喜，当即作诗唱和 10 首，形成《奉和袭美茶具十咏》集。两人的唱和诗，包含《茶坞》《茶人》《茶笋》《茶籝》《茶舍》《茶灶》《茶焙》《茶鼎》《茶瓯》《煮茶》十篇，涉及了茶叶制造、茶具、烹茶、饮茶等各方面的茶事、茶史。

茶中杂咏·茶坞

皮日休

闲寻尧氏山，遂入深深坞。

种莳已成园，栽葭宁记亩。

石洼泉似掬，岩罅云如缕。

好是夏初时，白花满烟雨。

茶坞

陆龟蒙

茗地曲隈回，野行多缭绕。

向阳就中密，背涧差还少。

遥盘云髻慢，乱簇香篝小。

何处好幽期，满岩春露晓。

此为"皮陆"唱和诗中的第一篇《茶坞》，描述了茶园的环境与规模，呈现出一派恬淡、高雅、纯净、清新的景象。十篇皆如此出色，是诗人用动人的灵感、华美的笔触、丰富的辞藻，赋予了茶园不一样的人文气息，形象、艺术性地描绘记录了唐代茶事，为茶文化发展起到了推动作用，为后世研究茶文化、茶历史留下了一笔珍贵的资料财富。

二、唐代茶文赋

唐代文学兴盛，诗歌独领风骚，词歌赋也不甘落后。而唐代茶文化的形成和普及在文学方面的表现，也就不仅仅是茶诗硕果累累而已。赋，作为介于诗和散文之间的一种文学文体，也深受茶文化的浸染，从而流传给后世一些著名的茶文赋。

（一）顾况《茶赋》

顾况，字逋翁，号华阳真逸，晚年自号悲翁，唐代诗人、画家、鉴赏家。一生官位不高，曾位居著作郎，却又因嘲讽诗得罪权贵，被贬饶州司户参军。顾况作诗强调思想内容，诗风清新自然、想象丰富、饶有佳作。而任著作郎时，曾"戏"白居易，常常向人夸奖其诗才，使得白居易诗名广播，成就一段佳话。

顾况一生颇有才华，作诗、作词、作赋之余，还作画。而作为一名才子，与佳茗的相识、相交也是一段佳话。于是，品茗之兴，才思飞扬，顾况写下了这篇《茶赋》。

顾况图

"稽天地之不平兮，兰何为兮早秀，菊何为兮迟荣。皇天既孕此灵物兮，厚地复糅之而萌。惜下国之偏多，嗟上林之不至。如罗玳筵，展瑶席，凝藻思，间灵液，赐名臣，留上客，谷莺啭，宫女频，泛浓华，漱芳津，出恒品，先众珍，君门九重，圣寿万春，此茶上达于天子也；滋饭蔬之精素，攻肉食之膻腻。发当暑之清吟，涤通宵之昏寐。杏树桃花之深洞，竹林草堂之古寺。乘槎海上来，飞锡云中至，此茶下被于幽人也。《雅》曰：'不知我者，谓我何求？'可怜翠涧阴，中有泉流。舒铁如金之鼎，越泥似玉之瓯。轻烟细珠霭然浮，爽气淡烟风雨。秋梦里还钱，怀中赠橘。虽神秘而焉求。"

书法欣赏《茶赋》图

比之晋朝杜育的《荈赋》，顾况的《茶赋》或许并不那么具有历史价值与地位，但无疑也是一篇独具匠心的佳作。赋文一开头作者假意抱怨天地之不公，是为赞叹大自然的奇妙与独特。紧接着作者又将南方比作"下国"，将北方比作"上林"，叹息北方虽为天子之地却无茶树生长，南方虽为平民之地却茶树众多，意在赞叹茶树的灵秀美好。而后作者运用骈文与对比，描绘茶树"上达于天子""下被于幽人"的独特魅力：玳筵瑶席上的必备佳饮，名臣上客的招待之饮，君门寿宴的象征之饮，此乃"上达于天子"的隆重；去油腻，清暑热，洗涤倦意，遍布于杏树桃花、竹林草堂之中，此乃"下被于幽人"的雅致。同时，作者还引用《诗经·雅》的名句，道出自己对茶的喜爱，是"不知我者，谓我何求"。最后，作者以茶明志，认为携茶退隐江湖山林之中，伴幽草飞泉，观茶烟细珠，闻茶香清风，也是人生一大乐事。有茶如此，宁静淡泊，归隐山林又何妨？

赋文写茶，却又不只是写茶而已。借茶明志，以茶寄情，全文犹如行云流水，处处充溢着淡雅柔美气息，让人读后回味无穷。

（二）王敷《茶酒论》

王敷，唐代乡贡进士，名不见经传。1900年，甘肃敦煌的佛教圣地莫高窟中万卷写本文献及宝物被发现，其内容涉及多方面，数量惊人，震惊世界，堪称20世纪中国最重要的文化发现。而这其中，就有王敷的《茶酒论》。这篇茶文，以拟人的手法、对话的形式，让茶酒各抒己见、互相辩驳，文中广征博引，取譬设喻，寓理其中，别具一格，是为一篇极妙茶文。

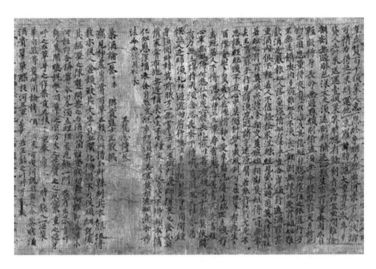

《茶酒论》图

　　文中起序"窃见神农曾尝百草，五谷从此得分。轩辕制其衣服，流传教示后人。仓颉制其文字，孔丘阐化儒因。不可从头细说，撮其枢要之陈。暂问茶之与酒，两个谁有功勋？阿谁即合卑小，阿谁即合称尊？今日各须立理，强者先光饰一门"，交代茶酒辩论之背景缘由，而后展开四次辩论。第一辩，"茶"以自己产自名树、贡献帝王、享尽荣华富贵说明自己的尊贵无比；而"酒"则以历来酒贵茶贱的史实、君王名将饮用之乐、不可忽视的饮酒文化来衬托自己的地位。第二辩，"茶"以自身众人皆追的社会需求为据；"酒"则斥茶孤陋寡闻，不识酒的社会地位。第三辩，"茶"先提及自身外形的俊美无双与千百利处，而后披露酒的危害；而"酒"从自身可助世人致富且比之茶要快许多，谈及茶的副作用。第四辩，"茶"强调自身的经济效益，并再次强调酒的危害；"酒"则引经据典，强调自己的历史、社会地位非茶可及。而后"茶"反驳，狠斥酒的危害之甚。最后，"水"出现以一段呵斥之语劝诫茶、酒和睦相处，切莫再相争危害世人。

全文辩诘生动、幽默有趣，且蕴含着别样的文化与茶学价值。酒可醉世人，茶却醒世人。茶、酒分别代表着两种不一样的人生价值观念。而茶酒相辩，则代表着唐朝茶风兴起、酒潮退却的局面，茶已经可以与酒一较高下，世人也开始了由醉向醒的人生文化价值观念的转变。而文中"名僧大德，幽隐禅林。饮之语话，能去昏沉。供养弥勒，奉献观音。千劫万劫，诸佛相钦"证实了唐朝茶饮与佛教的丝丝相连。"浮梁歙州，万国来求。蜀川流顶，其山蓦岭。舒城太湖，买婢买奴。越郡余杭，金帛为囊。素紫天子，人间亦少。商客来求，舡车塞绍"的论述则描绘了茶文化兴起繁荣的景象，证实了唐朝茶叶产销分布广泛。

文人饮茶图

（三）吕温《三月三日茶宴序》

唐代咏茶宴的诗歌不在少数，然而写及茶宴的文赋却少之又少，翻阅《全唐文》，也仅吕温的《三月三日茶宴序》一篇文章而已。

吕温，字和叔，又字化光，唐代文学家、官员，唐德宗贞元十四年进士，曾任集贤殿校书郎，后因得罪宰相李吉甫被贬谪，迁至衡州，甚有政绩，故世称"吕衡州"。在文学方面，吕温成就颇高，诗词言浅意直，朴素自然，多忧民怜民之作，备受同时期的柳宗元、刘禹锡、元稹等人赞誉；而在为官方面，吕温心怀仁慈，体恤民生，怜悯农事，常常拿自己的俸禄为民纳税，著名的《悯农》诗也是因为吕温的大加赞赏而盛传。

吕温为官廉洁，心怀苍生，在感叹自己力不从心的同时，常常饮茶抒怀。或常设茶宴与好友论天下，吕温就写下了这么一篇茶文：

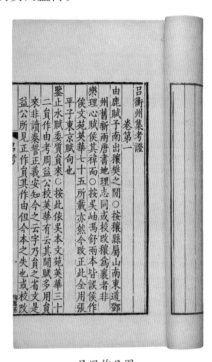

吕温作品图

"三月三日，上巳祓饮之日也。诸子议以茶酌而代焉。乃拨花砌，憩庭阴，清风逐人，日色留兴。卧指青霭，坐攀香枝。闻莺近席而未飞，红蕊拂衣而不散。乃命酌香沫，浮素杯，殷凝琥珀之色。不令人醉，微觉清思，虽五云仙浆，无复加也。座右才子，南阳邹子，高阳许侯，与二三子顷为尘外之赏，而曷不言诗矣。"

文中起笔交代茶宴时间与起因，而这次茶宴无疑是完美惬意的。三月初，春光明媚，百花盛开，实乃饮茶好时机；花香撩人，清风拂面，阳光遍洒，黄莺相伴，红蕊添色，实乃饮茶好氛围；沏香茶，品佳茗，醉人心，实乃饮茶好享受；相伴好友，皆鸿儒雅士，可把茶吟诗，实乃饮茶之一大快事。这样的茶宴如何不令人向往，如何不醉人心？有这样的茶相伴，哪还求羽化成仙，哪还饮五云仙浆？这样细腻全面的描写，将一场不豪华却可贵的茶宴呈现于世人眼前。

文人饮茶图

　　以茶宴客、以茶会友，从《三月三日茶宴序》中可以看出以茶为饮已是唐朝文人墨客、士大夫们相聚宴会上的主潮流。而以茶代酒，也少了几分酒的世俗气息，多了一些茶的高雅气质。茶文化在唐朝的形成与兴起，由此也可见一斑。

　　再纵观茶史，茶历来就为各家文化的载体：儒家以茶修德，道家以茶修心，佛家以茶修性。而茶与诗的结合，可以说就是诗人们以茶寄情。文人墨客往往满腹情怀，而茶又能助文思、助诗兴，是多种精神品质的象征，就必然深受喜爱，从而产生了各种茶诗。而茶文化，在经历过诗赋的洗礼后，又更加富有内涵，发展得更加深刻、久远，更加为世人、后代所流传。

第四节　茶　与　佛　教

盛唐统治下，佛教兴盛。王孙贵族多敬佛，饮茶之风又盛行，茶便成为了进奉佛祖的最好饮品。同时，佛教也极为崇尚饮茶，禅僧礼禅前都必饮茶，佛中亦有"禅茶一味"的说法。因此，唐代也就产生了许多茶与佛教的典故。

一、吃茶去

"吃茶去"源于唐代赵州观音寺高僧从谂禅师。据禅宗历代祖师语录——《五灯会元》记载："赵州从谂禅师，师问新来僧人：'曾到此间否？'答曰：'曾到。'师曰：'吃茶去。'又问一新来僧人，僧曰：'不曾到。'师曰：'吃茶去。'后院主问禅师：'为何曾到也云吃茶去，不曾到也云吃茶去？'师召院主，主应诺，师曰：'吃茶去。'"

从谂大师点禅图

从谂禅师被称为"赵州古佛",极嗜茶,喜欢用茶做禅机语。而这一句"吃茶去"更是僧人悟道的机锋语。要知道,茶对于僧人而言极为常见,每天必饮。参禅在于体验与实证,与吃茶一样,个中滋味要自己体悟方可。因此可以说,"吃茶去"三个字是既平常又深奥,是否能够参悟奥妙,全靠个人灵性与悟性。

这便是唐代时期茶与佛教的相互渗透。此时的茶,不只是一种解渴饮品而已,也不再只是一种单纯的精神寄托,还还被灌输了更多的精神内涵,通过它已经可以参悟佛道、领悟人生。

二、鉴真大师与日本茶道

谈及唐代佛教,就不得不提鉴真大师。而谈及鉴真大师与茶,就不得不谈其对于日本茶道的贡献。

鉴真大师图

鉴真大师,唐代律宗僧人,俗姓淳于,晚年受日僧荣睿、普照等邀请,东渡传教。鉴真大师东渡并不容易,六次东渡,五次失败,第六次终于在历经艰辛万苦,双目都失明的情况下到达日本。

鉴真东渡是中国历史上极具历史意义的事件。鉴真大师到达日本后,大力宣传大唐文化,为日本带去了中国佛教思想,促使日本律宗的形成;同时还带去了中国建筑、雕塑、医学等技术。不仅如此,在鉴真大师传教期间,唐朝茶文化也深深地扎根到了日本,直接影响到了之后日本茶道的成形与发展。这在日本现代文献《茶史漫话》引言中就有记载："作为文化之一的饮茶风尚，是由鉴真和尚和传教大师带到了日本。"

　　综上所述，唐朝茶文化的影响是非常广泛而深远的。它不仅影响着唐朝社会的风气风俗，改变着唐人的生活饮食习惯，还广泛地影响着四周国家的文化，甚至远如日本，都因此形成了流传悠久、独具特色的茶道。

第四章

宋代茶文化的兴盛

　　著名史学家陈寅恪曾说过："华夏民族之文化，历数千载之演进，造极于赵宋之世。"宋朝可以说是中国古代历史上社会经济、文化教育与科学创新高度繁荣的时代。对于茶而言，宋朝也是茶文化从高度发展迅速走向成熟的重要时期。经过"盛世唐朝"这块肥沃土壤的培育，茶文化这颗芽苗不但已经茁壮成长，而且到宋朝，它已经成为一棵参天大树，绿荫成片，延伸出一派不同于唐朝但更胜于唐朝的兴盛繁荣景象，从而流传下一段段茶史、茶事、茶人传奇。

第一节 宋代茶风

宋朝社会环境的相对稳定使得茶文化得到了进一步的快速发展：制茶技术不断创新，品饮方式日臻讲究。同时，官僚贵族普遍倡导，文人僧徒不断传播，平民百姓广泛参与，可谓普天共饮、全民重视。加之饮茶在艺术精神领域的愈发流行，宋代茶风也就愈发地体现出了一股与众不同的时尚潮流。

一、宋代斗茶之风

所谓斗茶，即比茶、赛茶、评比茶的优劣。其胜负的决定标准在于汤色和汤花。所谓汤色，即茶水的颜色，标准是以纯白为上，青白、灰白、黄白者则稍逊。所谓汤花，则是指汤面泛起的泡沫。汤花的色泽与汤色密切相关，因此汤花的色泽也以鲜白为上；且若汤花泛起后，水痕出现得早则为负，晚则为胜。

据《茶录》记载，斗茶始于唐朝，源于以出产贡茶而闻名的茶乡——福建建安，是茶民为了评比茶的优劣而创造出来的。但斗茶到了宋朝才最为流行，而其很大程度上与宋朝贡茶制度的完善密不可分。民间进贡茶叶之前，纷纷以斗茶的方式决一高低。而随着宋朝全民饮茶的趋势，斗茶就渐渐被分离出来，成为了茶文化的一部分，全民参与。

《和章岷从事斗茶歌》图

而谈及斗茶文化，就又不得不谈及北宋文学家范仲淹的《和章岷从事斗茶歌》和南宋画家刘松年的《茗园赌市图》。《和章岷从事斗茶歌》是范仲淹的一首七言古诗，全诗一气呵成，精炼扼要，却将斗茶原因、斗茶情形、斗茶意韵等描写得淋漓尽致。尤其是诗中写道"胜若登仙不可攀，输同降将无穷耻"，用夸张的手法直接点明了斗茶胜者可为贡茶，从而可升官发财的宋代斗茶之风。而事实上，这夸张的手法也并不夸张，据《高齐诗话》记载，宋代的郑可简就因贡茶有功，官升福建路转运使。《茗园赌市图》则是一幅描绘宋代市井斗茶情境的名画。此画以人为主，有注水、提壶的茶贩，有举杯品茗的茶客，有携带孩童的妇人等，个个都观看着斗茶情形，形象生动逼真，细致真实地描绘出了当时斗茶盛行之风。

《茗园赌市图》图

毫无疑问，斗茶之风是宋代茶文化的典型代表。这种上至王孙贵族，下至平民百姓都乐在其中的茶活动也无疑展现出了宋代是茶文化发展的鼎盛时期。

二、高太后禁造密云龙

高太后，即北宋英宗皇后，神宗时太后。元丰八年，神宗驾崩，立哲宗。因宋哲宗年幼，高太后便以太皇太后身份临朝听政。高太后是当时朝中旧法势力的后台，在其执政之时，大量起用保守派大臣，废除才初有成效的宋神宗和王安石推行的新法，史称"元祐更化"。而与此同时，高太后还做了一件"茶事"，那便是"禁造密云龙"。

高太后图

"密云龙"是宋神宗时期建安所产的一种皇室专供团茶，以黄金色袋封装，好比帝王的服饰，故曰"黄金缕，密云龙"。这是当时仅供宗庙进奉、皇帝食用的茶中珍品，极少赏赐大臣。然而，宋哲宗年幼，在其将"密云龙"赏赐于殿试卓越者后，皇亲贵族与权贵近臣们便纷纷开始求赏"密云龙"，且小皇帝也大多应允。

求赐的人越来越多，终于惹得高太后烦躁不堪，愤怒异常。据《清波杂志》记载，元祐初年，高太后下令建安不许再造"密云龙"，连团茶也不要再造。她说道："这样免得经常受人'煎炒'，不得清净。"她还指出："拣这些好茶吃了，又生得出什么好主意？"

"密云龙"茶

这本是一件"茶事"，后人却因此对高太后评价极高。清代陆廷灿在《续茶经》中引《分甘余话》指出："宣仁改熙宁之政（即元祐更化），此（指禁造密云龙一事）其小者。顾其言，实可为万世法。士大夫家、膏粱子弟，尤不可不知也。"认为"禁造密云龙"虽是推翻新法中的一件极小的事情，却可以为万代治世借鉴。这样的评价或许有些言过其实，但其中的确蕴含了修身节俭平天下的治国理念。

然而，令高太后意想不到的是，她的"禁造密云龙"令不但没有起到应有的效果，反而使得"密云龙"身价倍涨。朝野缙绅人人都想居为奇货，民间的制造技艺也因此更上一层楼；而在贡茶中，虽无"密云龙"，却又来了一个"龙焙贡新"，其珍贵度是有过之而无不及。

三、宋徽宗设茶宴

宋代茶风盛行，珍贵茶品层出不穷，因此，将茶作为赏赐之物赐给大臣，也成了宋代君臣之间的特有现象。据《随手杂录》记载，苏轼至杭州时，皇帝宋哲宗就曾暗地里特意派人赐茶于他，以示君意。赐茶本是君臣关系的一种表现，而到了宋徽宗时期，则演变成了以茶宴飨臣，作风更加气派、奢靡。

宋徽宗赵佶，北宋第八位皇帝，是古代少有的艺术天才，后世曾评其为"宋徽宗诸事皆能，独不能为君耳"。虽然在政治上腐败无能，生活上荒淫无道，但是宋徽宗在艺术上却有多方面的成就，书画、音乐、诗词皆通，对于茶艺也是颇为精通，御笔撰写了茶著《大观茶论》，留传茶史。

宋徽宗图

不仅如此，在日益盛行的茶风浸染下，宋徽宗甚至还擅长分茶之道。据《延福宫曲宴记》记载，宣和二年，宋徽宗就曾赐宴群臣，表演了分茶之术。在宴会上，宋徽宗令近侍取来建窑贡瓷"兔毫盏"，亲自注汤击拂。

汤花浮于盏面，呈疏星淡月之状，极富优雅清丽之韵。而宋徽宗非常得意，将茶赐分诸臣并说道："这是我亲手施于的茶。"

以皇帝之尊，亲自分茶宴臣，却不是为嘉奖有功之将，而是单纯地为表演分茶之术，可见宋徽宗在茶事上的铺张奢靡，过于沉湎。而这些作风行为导致宋徽宗成为北宋亡国之君，这段茶事也成了后人讽刺徽宗的一则笑谈。

第二节　宋代茶书专著

宋代茶文化兴盛的一个重要表现就是茶书专著涌现。这些著作或许不像《茶经》具有划时代的意义，但也是茶历史上极为重要的一笔，代表着宋代茶文化的鼎盛辉煌，为后世研究茶史、揭开茶文化的神秘面纱留下了重要的参考资料。

一、宋徽宗《大观茶论》

《大观茶论》，原名《茶论》，又称《圣宋茶论》，是北宋皇帝宋徽宗御笔亲著，成书于大观年间。全书有20篇，仅2800多字，却内容广泛、见解精辟、论述深刻，对北宋时期蒸青团茶的产地、采制、烹试、品质、斗茶风尚等作了详细记录，从一个侧面反映了北宋茶叶的发达程度与制茶技术的精益情况。

书中最为精彩的片段即是点茶篇："妙于此者，量茶受汤，调如融胶，环注盏畔，勿使侵茶，势不欲猛，先须搅动茶膏。渐加周拂，手轻筅重，指绕腕旋，上下透彻，如酵蘖之起面，疏星皎月，灿然而生，则茶之根本立矣。

第二汤自茶面注之⋯⋯周回旋而不动，谓之咬盏。宜匀其轻清浮合者饮之。"宋徽宗以皇帝之尊执笔，却在文中不见一丝霸气，反倒描写得入木三分，淋漓尽致，尽显一代茶学大师的气派，令后世仿若身临其境般见识宋代茶道，实在令人感叹。

《大观茶论》图

可以说，《大观茶论》使得宋代饮茶艺术达到了一个巅峰状态。这本巨著不仅对后世影响极大，就在当时，对日本茶道、韩国茶礼的影响也是具体而显著的，可称之为影响茶文化发展史的巨作。

二、《茶录》

《茶录》，是北宋著名的政治家、书法家、茶学专家、"宋四家"之一的蔡襄所著，是继陆羽《茶经》之后最有影响的茶论专著，先后被翻译成英文、法文传播。据蔡襄在《茶录》中所作序"昔陆羽《茶经》，不第建安之品；丁谓茶图，独论采造之本，至于烹试，曾未有闻。臣辄条数事，简而易明，勒成二篇，名曰《茶录》。伏惟清闲之宴，或赐观采，臣不胜惶惧荣幸之至"可知，《茶录》是蔡襄有感于陆羽《茶经》不提闽茶而特地向皇帝推荐北苑贡茶之作。全书分上、下两篇，仅800多字，上篇论茶，下篇论茶器，皆谈烹试方法，加上文中尽显蔡襄丰富的经验、独特的见解及优秀的书法，该书甚至被称为"稀世奇珍，永垂不朽"。

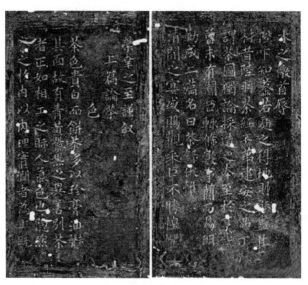

《茶录》图

而《茶录》一出，闽茶就开始名扬天下。史籍也曾评曰："建茶所以名垂天下，由公（指蔡襄）也。"不仅如此，《茶录》也对日本茶道所追求的美学艺术以及世界茶业的发展产生了极大的影响。而现在茶界谈及茶文化，也都必提及《茶录》的参考意义与价值。可以说，《茶录》与其作者蔡襄，在茶史上已实现了流芳百世。

三、首现茶法专著

茶法专著的出现实现了宋代茶书专著真正意义上"零的突破"，也是宋代茶业高度发展的必然结果。事实上，早在唐朝，茶业就已经有了"榷茶之法"的制度，只是后因"甘露之变"而被废除；而中唐之际茶法也已经出现，只是尚无茶法专著。然而，发展至宋朝，茶文化高度兴盛，茶成为了日常生活的一部分，贡茶制度完善，茶叶榷禁专卖制度就更趋完善了。而顺应发展潮流，茶法专著首现宋朝也就成了必然。

就目前所知，沈立于宋仁宗嘉祐二年（1057年）撰写的《茶法易览》是最早的茶法专著。沈立，字立之，北宋水利学家、藏书家、官员，因见"茶禁害民"，故撰《茶法易览》十卷，乞行通商法。然而，辗转百世，《茶法易览》已亡佚。

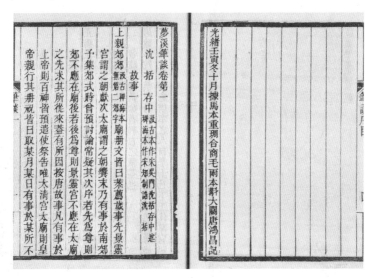

《梦溪笔谈》图

而至今流传下来的茶法专著唯有沈括于1091年左右撰写的《本朝茶法》。沈括，字存中，北宋时期著名的科学家、改革家，也是中国古代最为博学的科学家。《本朝茶法》就选自其传世巨著《梦溪笔谈》卷十二，约1100字，依照时间顺序，详细记载了宋代茶税和专卖事项，并包括许多统计数字和资料，实为难能可贵。同时，该茶法专著还明确了宋朝禁止私贩茶叶，不服从禁令者，按犯罪情节严重的条款处罚。而适时，宋朝实行《茶引法》，即茶商贩卖茶叶，需缴纳茶税后获得茶叶专卖凭证"茶引"。而不遵循此法则，私自贩卖茶叶者，将会受到相应的处罚。

除此之外，茶法专著还有佚名者于1150年以前撰的《茶法总则》，却也不幸失传，内容无从考证。茶法专著的出现无疑是茶文化发展历史上的一件大事，标志着茶文化发展的高度成熟，意味着茶自此得到了朝廷、政治上的合法保护，而非只是民间的单纯饮品而已。

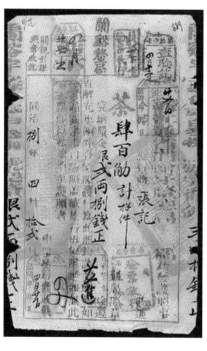

茶引图

沈括图

第三节　宋代茶人之品鉴力

关于茶人品鉴力的典故，除却唐朝"茶圣"陆羽鉴南零水与谷帘泉，宋朝也有颇多趣闻。我们皆知，宋朝饮茶之风盛行，宋人爱茶、嗜茶、痴茶，对茶叶、煮茶之水等极为讲究，从而流传下许多脍炙人口的茶典故。

一、蔡襄评辨龙团

蔡襄，字君谟，北宋著名书法家、政治家、茶学专家，与苏轼、黄庭坚和米芾并称为书法"宋四家"，著有《茶录》《荔枝谱》等。作为北宋有名的茶学专家，蔡襄极爱茶且善制茶。据清代《广群芳谱》引述："建州有大小龙团，始于丁谓，成于蔡君谟。宋太平兴国二年始造龙凤团茶。咸平初，丁为福建漕监造御茶，进龙凤团。庆历中，蔡襄为漕，始制小龙团。"而这蔡襄所制的小龙团，精致无比，堪称当时贡茶中的佳品。

不仅如此，蔡襄还具有一流的鉴茶能力。宋人彭乘的《墨客挥犀》曾记载道：有一日，蔡叶丞只邀请了蔡襄共品小龙团，却不料又来了一位不速之客，侍从只好端上三份茶水供饮。然而，蔡襄只啜了一口，便声明道："这不是小龙团，其中必然掺有大龙团。"蔡叶丞大惊，便唤来侍从询问。原来，这侍从事先只

蔡襄雕像图

备了两份小龙团，却又多了一位客人，无奈之下才将现有的大龙团掺在其中，以为可以遮瞒过去。孰料会被蔡襄一"口"识破。

蔡襄的鉴辨能力令人惊叹。而从此也可以看出，蔡襄不愧是宋代的茶学专家，对于茶的特性万分了解，令人信服。

二、君谟善别石岩白

蔡襄作为宋朝一代茶师，品鉴能力上乘。而与陆羽善鉴水不同，蔡君谟极善品鉴茶本身。据《茶事拾遗》记载，建安能仁院有名茶树长于石缝当中，寺中和尚采摘茶叶制成八饼茶团，名曰"石岩白"。和尚将其中四饼赠予蔡君谟，而另四饼献给京师朝臣王禹玉。

后来，蔡君谟调京任职，闲暇之余拜访了王禹玉。王禹玉将蔡君谟奉为贵客，便命人泡最好的茶水招待。而蔡君谟接过茶瓯，只看了一眼，还未尝上一口，便说道："这茶是建安能仁院的'石岩白'，您远在京师，何以有之？"王禹玉颇为吃惊，并不相信，便召仆人拿来茶叶的签帖，一看，确为"石岩白"。王禹玉顿时信服，连连称赞蔡君谟果真为茶大师。

事实上，蔡襄在当时的茶界里是极具声望的。其爱茶、制茶、鉴茶首屈一指，任何精于茶的人见到了蔡襄都会缄口三分，可见其影响力非凡。

三、王安石明断三峡水

陆羽善鉴水，君谟善鉴茶，却都是凭感觉。然而，在宋朝，还有一人极善鉴水，且鉴水有道，那便是北宋著名的政治家、文学家、思想家王安石。

王安石，字介甫，号半山居士，唐宋八大家之一。王安石也爱茶，对烹茶之水颇有研究。据明代冯梦龙的《警世通言》记载，苏轼被贬黄州之时，王安石曾请其过府做客，为其饯行。临别时，王安石说道："我年少寒窗之时，曾染一疾，近年来常复发。太医诊断是痰火之症，唯阳羡茶可治。现已有阳羡茶叶，只欠瞿塘峡中峡之水。劳烦您回眉州搬家之时，为我汲一瓮瞿塘峡中峡之水。"

瞿塘峡图

　　苏轼应声而去。在回程时，船经瞿塘峡，适时重阳刚过，两岸美景一片，江水壮观，苏轼早已被吸引，哪还记得友人之托。直行至下峡，苏轼方才记起，愧疚之余，认为瞿塘峡江水一片，上、中、下峡之水应该并无多大区别，便汲了一瓮下峡之水给王安石。

回去以后，王安石见水大喜，当即命人烧水，取一撮阳羡茶叶投于杯中。谁料，水入杯中，茶色半晌方现。王安石观茶汤，心下明白，说道："你啊，又来骗我。这乃是下峡之水，岂能充当中峡之水用？"

苏轼大惊，立马赔礼谢罪并请教缘由。王安石则解释道："上峡之水太急，下峡之水太缓，唯中峡之水缓急相半。我这病唯阳羡茶可医，但用上峡水泡太浓，下峡水泡太淡，唯中峡水泡浓淡适宜。方才泡茶之时，茶色半晌方出，我便知晓了此为下峡之水。"

王安石这一段鉴水之言，相比陆羽、蔡襄而言，可谓大有其道，令人心服口服。由此也可以看出，王安石确为鉴水大"神"，值得赞叹。

第四节　宋代文人与茶

宋代文人也爱茶。这些文豪大家们摘下才华横溢的面纱后，也都只是寻常人家而已，在自己的喜爱之物面前也是百态横生，演绎出一则则趣闻。不仅如此，文人们还会将自己的才华寄于茶中，衍生出许多茶坛美谈。

一、欧阳修藏茶

欧阳修，字永叔，号醉翁、六一居士，北宋政治家、文学家，曾官至翰林学士、枢密副使、参知政事，是宋代文学史上最早开创一代文风的文坛领袖，被世人称为"千古文章四大家"之一、"唐宋散文八大家"之一。

欧阳修极爱茶，曾作诗"吾年向晚世味薄，所好未衰惟饮茶"，表明唯有饮茶是自己一生嗜好。而作为一代文人巨匠，欧阳修也因爱茶留下了很多咏茶诗文，如《双井茶》《尝新茶呈圣俞》《大明水记》《归田录》等；他还曾为蔡襄的《茶录》作后序。而就在这后序中，欧阳修谈及了自己藏茶的一段趣事。

欧阳修图

"鞍茶为物之至精，而小团又其精者，录序所谓上品龙茶是也。盖自君谟始造而岁供焉。仁宗尤所珍惜，虽辅相之臣，未尝辄赐。惟南郊大礼致斋之夕，中书枢密院各四人共赐一饼，宫人剪为龙凤花草贴其上，两府八家分割以归，不敢碾试，相家藏以为宝，时有佳客，出而传玩尔。至嘉佑七年，亲享明堂，斋夕，始人赐一饼，余亦添预，至今藏之。"

在当时，蔡襄所制的"小龙团"非常珍贵，专供皇帝饮用，且不轻易赐予朝臣，唯在南郊大礼中，宋仁宗赐一饼"小龙团"于八人。其时，小龙团以十饼为一斤（十六两），一饼才一两六钱，而八人分一饼，一人只能分得二钱，可谓重如金银，然金可有，而小龙团却不可得也。直到嘉佑七年，小龙团产量稍微变大，赏赐才变成了一人一饼，而欧阳修则有幸得到了其中一饼。欧阳修爱茶，本就极为推崇蔡襄所制的小龙团，现有幸得之，且是在为国为民二十余载后方得到的赏赐，心中可谓是感慨无限。面对如此贵重的"小龙团"，欧阳修自然心爱无比，以至于"鞍手持心爱不欲碾，有类弄印几成笊北"，经常反复抚摸到茶饼上出现明显的凹陷，也不舍得烹试。可以说，欧阳修见此茶如见自己为官的一生，心存无限情怀，故一直珍藏。欧阳修这一段藏茶趣事被传为佳话。

二、茶客黄庭坚

黄庭坚，字鲁直，号山谷道人，晚号涪翁，又称豫章黄先生，洪州分宁人，是北宋著名诗人、词人、书法家，与苏轼并称"苏黄"，与秦观并称"秦黄"，是"宋四家"之一。

黄庭坚图

黄庭坚嗜茶，曾写过以戒酒戒肉为内容的《文愿文》，并践言而行，一生以茶代酒。不仅如此，黄庭坚早年还得到过"分宁茶客"的称号。据《宋稗类钞》记载，北宋宰相富弼听闻黄庭坚才华横溢、出类拔萃，便很想与之见上一面。然而两人终于相见之时，或许是黄庭坚其貌不扬，富弼并不欣赏他，便不欢而散。而待回去之后，富弼还对旁人说道："我原以为这黄庭坚如何了得，原来不过'分宁一茶客'罢了。"宰相一言，必然传至千里。于是，"分宁茶客"的称号便自此安在了黄庭坚身上。

然而世事难料，富弼大概怎么也无法想到自己的这一句诋毁之言，传至后世会演变成对黄庭坚的另一种赞誉。姑且不论其以茶代酒二十年成为一段佳话，被欧阳修赞为"草茶第一"的双井茶也是多亏了黄庭坚而盛极一时。据南宋叶梦得《避暑录话》记载："草茶极品惟双井、顾渚，亦不

94

过数亩。双井在分宁县，其地即黄氏鲁直家也。元佑年间，鲁直力推赏于京师，族人多致之。"正是黄庭坚的这番极力推荐，双井茶才逐渐受到世人重视，最终还成为贡茶，奉为极品。

不仅如此，黄庭坚还痴于吟诗颂茶：《双井茶送子瞻》促使双井茶一举闻名，《品令》刻画了饮茶时的欢悦心情，《煎茶赋》细致描述了烹茶细节……而从其流传下来的茶作品来看，黄庭坚不仅仅是寄情于茶，还会在字里行间体现出自己对茶最高境界的一种追求，是当之无愧的"茶客"。

三、苏轼题茶

苏轼，字子瞻，又字和仲，号东坡居士，北宋著名文学家，与黄庭坚并称"苏黄"，与辛弃疾并称"苏辛"，"唐宋八大家"之一，是宋代文学最高成就的代表。事实上，论及宋代文人与茶，就不得不提苏轼。东坡先生一生爱茶，不仅具有高超的茶艺，还对茶文化拥有精深独到的见解；不仅作了大量的咏茶诗词，流传下许多佳句，还在所到之处留下了数不胜数的关于茶的佳话，为后人津津乐道。一句"从来佳茗似佳人"被誉为"古往今来咏茶第一名句"，一句"饮非其人茶有语"阐释了其独特的茶文化观念。而在民间，还有这么一则著名的"苏轼题茶联"的故事。

熙宁四年，苏轼任杭州通判，为官三年中，他经常微服出游。一日，他来到一寺庙游玩。该寺庙住持不知苏轼底细，随意地接待道"坐"，并随口叫小和尚"茶"。而小和尚也就上了一碗很普通的茶。

待住持和苏轼寒暄一番，觉得其谈吐不凡、非等闲之辈后，住持立马改口"请坐"，并叫小和尚"泡茶"。而小和尚也立马换上了一碗好茶。

苏轼图

而到了最后，住持发现此人乃大名鼎鼎的杭州通判苏轼后，就连忙起身恭请"请上座"，并叫小和尚"泡好茶"。

这一切，苏轼都看在眼里。待临别之时，住持请求苏轼留字纪念，苏轼爽快答应之余，挥笔题了一对茶联。上联："坐，请坐，请上座。"下联："茶，泡茶，泡好茶。"

此茶联一出，住持羞愧不已。茶本敬客之道，尽显主人友好、大方之谊，不该有高低贵贱之分。住持却势利地将其分为三六九等。而苏轼题此联，也并非单纯的讽刺之意，更意于点醒住持，勿忘茶道之理。

四、李清照说茶令

茶文化在发展过程中，有过许多风韵雅事，茶令就是其中极为重要的一笔。随着时代的变迁，茶令不但没有褪色，反而愈发受世人追崇，可以说也是茶文化史上的一个奇迹。而这些都不得不感谢茶令的首创者李清照。

李清照，号易安居士，南宋著名女词人，婉约词派代表，被称为"千古第一才女"。宋徽宗建中元年，李清照与赵明诚结为伉俪。婚后两人琴瑟和鸣，相濡以沫。赵明诚是著名的金石学家，一直致力于编著《金石录》。李清照相伴其左右，用自己的聪明才智帮助丈夫。两人合力搜集了大量的金石文物和图书，诗词唱和，生活美满幸福。而就在这"酒阑更喜团茶苦"的生活当中，李清照首创了别出心裁、妙趣横生的茶令。

据李清照为《金石录》写的后序记载："每获一书，即同共校勘，整集签题，得书画彝鼎，亦摩玩舒卷，指摘疵病。夜尽一烛为率，故能纸札精致，字画完整，冠诸收书家。余性隅强记，每饭罢，坐归来堂，烹茶，指堆积书史，言某事在某书某卷第几页第几行，以中否决胜负，为饮茶先后。中即举杯大笑，至茶倾覆杯中，反不得饮而起。"李清照仗着自己的好记性，便要与丈夫发起说茶令，规则定为：要对方说出某典故在哪本书、哪卷、第几页、第几行，能说出者为胜，便可饮茶。李清照常常是获胜者，有一次胜后大喜，打翻了茶水，不仅没有品饮到，其衣裙还濡湿了一片。

李清照、赵明诚钻研金石图

饮茶行令，别增一番趣味。在这样一种良好的氛围当中，赵明诚终于完成《金石录》，名垂千古。然而世事多变，靖康元年，因金军南侵，夫妇二人被迫背井离乡；建炎三年，赵明诚病故，李清照孤身漂泊，晚年凄凉。

李清照一生的境遇令人感慨。但无论如何，其首创的茶令极大地丰富了茶文化，并流传千古。

第五节　宋代茶诗

同唐诗在唐代文学史上的地位一样，宋词无疑也是宋代文学星空里最明亮的一颗星星。温庭筠、黄庭坚、苏轼、欧阳修、辛弃疾、李清照等，文豪大家比比皆是。而就如前文所述，宋代文人多爱茶，茶在宋朝又得到了前所未有的重视，那么自然而然地，茶也就成为了宋代文人们咏叹的对象，得以流传下大量以"茶"为主题的诗词作品，而这又进一步地促使宋朝茶文化的繁荣发展。

一、王禹偁《龙凤茶》

王禹偁，字元之，北宋白体（主张学习白居易）诗人、散文家、官员，太平兴国八年进士，曾任左司谏、知制诰、翰林学士等，却因敢于直谏，屡遭贬谪，曾被贬至黄州，故又世称王黄州。虽仕途不顺，王禹偁在文学方面却多有发展成就，是北宋诗文革新运动的先驱。王禹偁文学韩愈、柳宗元，诗崇杜甫、白居易，内容多反映社会现实，风格清新易懂，著有《小畜集》。

王禹偁一生的遭遇与杜甫颇为相似，曾三次因为直言敢谏被贬，因而思想、性格、行为等方面都与杜甫多有相似之处，也继承了杜甫的诗词创作风格，敢于揭露现实，针砭时弊，多反映百姓的痛苦和社会的黑暗，如《对雪》《感流亡》等，对北宋文学发展起到了积极的推动作用。991年9月，王禹偁第一次被贬商州，途中历尽艰辛，心中抑郁难解，写下了这首《龙凤茶》。

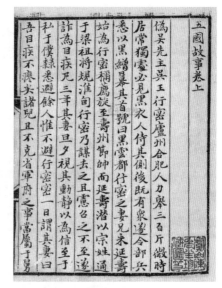

王禹偁作品图

样标龙凤号题新，赐得还因作近臣。

烹处岂期商岭水，碾时空想建溪春。

香于九畹芳兰气，圆如三秋皓月轮。

爱惜不尝惟恐尽，除将供养白头亲。

时北宋贡茶，前有丁谓制得佳茗"龙凤团茶"，后有蔡襄改制珍品"小龙凤团茶"，珍贵无双，以致王侯将相都有"黄金可得，龙团难求"之感叹。而这首诗正是描绘了龙凤团茶的千金难求与美味无比。唯有"近臣"方能有幸得赐龙凤团茶，其烹煮又岂是随随便便而已？对水的极致讲究世上无双。然而其茶香确实甚于世间"九畹芳兰气"，其外形之美又如"三秋皓月轮"，实在是令人爱惜不已，甚至不舍得品尝，将其供奉至"白头亲"。事实上，这段描写并不夸张，欧阳修不就曾有幸得一饼小龙凤团茶，不舍得饮用，只是时常拿出把弄而已。

王禹偁像图

王禹偁的《龙凤茶》写出了北宋龙凤团茶作为贡茶的珍贵无双。读罢令人在感叹茶之余，不禁深思，王禹偁作此诗何止是写茶而已。因逆耳忠言被贬至商州的诗人，更是在借茶抒情托志，贪官污吏之流只因是近臣，便可尽得皇恩，享用龙凤团茶，自己一腔为国之心，却只能居于商州，令人唏嘘不已。

二、范仲淹《和章岷从事斗茶歌》

范仲淹，字希文，北宋著名的政治家、思想家、军事家、文学家、教育家，世称"范文正公"。其少时读书刻苦，史籍中有"昼夜不息。冬日愈甚，以水沃面，食不给，至以糜粥继之。人不能堪，仲淹不苦也"的评价记载；

一生成就非凡，步入仕途，曾担任右司谏，又协助平定西夏李元昊的叛乱；立志教育，州县办学；气节高洁，有"宁鸣而死，不默而生"的言论；心系天下，有"先天下之忧而忧，后天下之乐而乐"的千古名句；善于识人，一代名将狄青、一代大儒张载、一代名相富弼皆受其提携；文学造诣极高，流传给后世许多脍炙人口的诗文名篇……

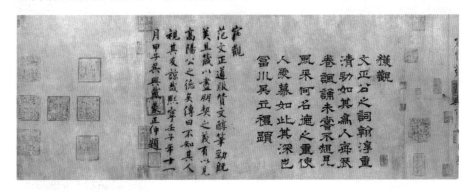

范仲淹作品图

然而，同许多文人墨客一般，范仲淹的政治生涯并不顺畅，也曾数度被贬。宗仁宗景佑元年（1034年），范仲淹因直言惹怒仁宗，被贬睦州。或许是贬谪激发了他本就过人的才干，这一年成为了范仲淹一生中的第一个创作高潮。也就是在这时，范仲淹写下了反映宋朝茶文化的《和章岷从事斗茶歌》。

时宋朝斗茶之风兴盛，不论王孙贵族，还是平民百姓，皆参与其中，可谓全民参与。范仲淹的这首七言古诗《和章岷从事斗茶歌》正是描写了这样的斗茶场面。奇茶的争斗、美器的比较、良水的品鉴、技艺的切磋，使全诗呈现了一场美轮美奂的斗茶赛：水美、茶美、器美、艺美、味美，双眼所及之处，无处不美，美不胜收。而在范仲淹的笔下，茶就似一个精灵，可以令胜者洋洋得意、败者垂头丧气；可以令屈原招魂、刘伶得声；可以令卢仝作"七碗茶诗"、陆羽著《茶经》；可以令酒市疲软、药市不景气；可以令斗茶者赢得满箱财富而归……诗文似行云流水，夸张且浪漫，气势充沛，读后令人印象深刻，恨不得亲眼见一见这般神奇美好的斗茶场景。

斗茶图

范仲淹诗词众多，留给后世的茶诗却寥寥无几。然而，就此一首，写的已是生动精练、优美顺畅，留给后世颇多传唱的名句，艺术性的语言更是让世人对斗茶之景有更加深入的了解、体会，足以与唐代卢仝的《走笔谢孟谏议寄新茶》相媲美。

三、苏轼茶诗词

作为一代大文豪，苏轼一生的仕途并不顺畅。入狱、贬谪，苏轼一生可谓坎坷。然而，生性豪放坦荡，即使命途多舛，苏轼也积极处世、造福一方。苏轼爱茶，一生与茶有着不解之缘。在北宋的文坛上，爱茶之人不在少数，却没有一人如苏轼般对品茶、烹茶、种茶等茶事都颇有自己的独特体会。在其流传后世的诗词佳作当中，涉茶诗近百首，其中专门咏茶的有近五十首。苏轼与茶，可谓缘分匪浅。

苏轼《游虎跑泉诗帖》图

元佑七年（1092年），苏轼收到好友曹辅寄来的新茶与茶诗，欣喜之余，挥笔附和写下了被后人津津乐道的《次韵曹辅寄壑源试焙新茶》。

仙山灵草湿行云，洗遍香肌粉未匀。

明月来投玉川子，春风吹破武林春。

要知玉雪心肠好，不是膏油首面新。

戏作小诗君勿笑，从来佳茗似佳人。

在苏轼的笔下，新茶犹如出浴美人，冰肌玉肤，香粉未匀；饮茶之后，清爽至极，犹如清风徐来，沁人心脾；新茶的美，天然去雕饰，其天然之美犹如绝代佳人。以佳人比佳茗，开一代风气，苏轼这句"从来佳茗似佳人"自此流传千古，成为历来给予佳茗的最好赞誉，而这首诗也成了咏茶名诗。

苏轼不仅爱茶，还深谙烹茶之术。1097 年，苏轼被贬至海南，而在此之前苏轼已经被贬至惠州（1094 年），正准备定居。时年 60 岁，苏轼遭此困厄，却于海南写下了这首煎茶名篇《汲江煎茶》。

活水还须活火烹，自临钓石取深清。

大瓢贮月归春瓮，小勺分江入夜瓶。

雪乳已翻煎处脚，松风忽作泻时声。

枯肠未易禁三碗。坐听荒城长短更。

命途多舛，苏轼却依旧笑面人生。在当时远离中原文明的荒原海岛之上，苏轼依旧四处积极寻求生活的乐趣，亲自汲取清江活水，点炉烹茶，听闻茶水翻滚之声，犹如松风和鸣，禁不住饮茶三碗，神清气爽，精神倍加，诗意横飞。"大瓢贮月归春瓮，小勺分江入夜瓶"之句写得浪漫豪迈至极，尽显作者非凡气魄："大瓢"可以"贮月"，"小勺"可以"分江"，这等气势、这等才思，竟从一个屡遭贬谪的年迈老人心中溢出，可见苏轼是

苏轼图

何等的出类拔萃、才华超群。而此诗问世后，后人更是赞誉不绝，宋代文人杨万里就曾以"七言八句，一篇之中句句皆奇，一句之中字字皆奇，古今作者皆难之"的评语来高度加赞。

一生多舛，心胸坦荡，苏轼与茶是相交相知的。爱茶、懂茶之余，苏轼留下的茶诗远远不止这些。《月兔茶》《问大冶长老乞桃花茶栽东坡》等尽是描绘北宋名茶，为人津津乐道；《游惠山》《安

平泉》《蛤蟆背》《虎跑泉》《雪诗》《求焦千之惠山泉诗》等尽显苏轼品泉鉴水之道，甚为精妙；而在《和钱安道寄惠建茶》《种茶》等诗中，诗人又以茶为主题，无情地揭露了官吏欺压茶农的罪行，显示出了诗人不只是超尘脱俗的茶客而已，更是以茶喻志、以茶抒情，鞭挞假丑恶、歌颂真善美的入世茶人。

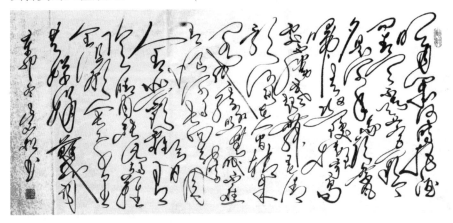

书法欣赏之苏轼《水调歌头》图

学者刘学忠先生曾这样评论苏轼的茶人生："宋代饮茶人生的典型代表是苏东坡。茶的面目、精神在白居易那里还是朦胧的，到苏东坡便明朗清晰起来了。白居易是'留一半清醒留一半醉'的酒茶互补人生，苏轼则纯乎是茶的人生……"确实，东坡先生与茶的结合，可谓是文人与茶和谐的最高境界。而这些茶诗留给后人的不仅仅是东坡先生无与伦比的豁达心胸，更是宋朝璀璨辉煌的茶文化史。

四、陆游情系茶缘

陆游，字务观，号放翁，南宋著名爱国诗人，才华横溢，一生笔耕不辍，留给后世九千多首诗，是中国现存诗最多的诗人。陆游于襁褓中时就随家人颠沛流离，历经因外敌入侵而动荡不安的生活，爱国主义情感尤为强烈，自幼就立志杀胡救国，一生著作中大多都抒发了对敌人、通敌叛国者的仇恨与抗金杀敌的万丈豪情，诗词风格雄浑悲壮、激情无限，贯穿着无尽强烈的爱国主义精神。无论是在思想上，还是在文学上，陆游的成就都卓越非凡，有"小李白"之称，是南宋一代诗坛领袖，在中国的文学史上占据着极为崇高的地位。现代学者朱自清就曾在《爱国诗》一文中这样评价陆游："虽做过官，他的爱国热忱却不仅为了赵家一姓。他曾在西北从军，加强了他的敌忾。为了民族，为了社稷，他永怀着恢复中原的壮志……过去的诗人里，也许只有他才配称为爱国诗人。"

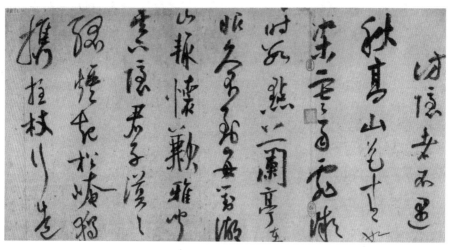

陆游诗卷图

而就是这样的一代卓越诗人，与茶还有着一生割剪不断的缘分。陆游生在茶乡越州山阴，即今浙江绍兴，宋朝名茶口铸茶、瑞龙茶、花坞茶、卧龙山茶等皆产于此；两任茶官，曾提举福建路常平茶盐公事和江南西路常平茶盐公事，为茶农茶事做过许多大事；交嗜茶者为友，自号"茶山居士"的曾几是其导师，范成大、梅尧臣、朱熹、辛弃疾等好茶者皆为其好友……陆游自称生平有四嗜，即谓"诗、客、茶、酒"，一生还写下了三百多首涉茶诗，堪称历代诗人中创作茶诗数量最多的诗人。

陆游祝令正

陆游专门咏茶的诗词并不多，却涉及茶的许多方面，生动地展现了宋朝茶文化。有咏名茶，如《秋晚杂兴》中的"聊将横浦红丝磑，自作蒙山紫笋茶"，《建安雪》中的"建溪官茶天下绝，香味欲全须小雪"，《斋中弄笔偶书示子聿》中的"焚香细读斜川集，候火亲烹顾渚茶"等；有写茶业，如《初夏喜事》中的"采茶歌里春光老，煮茧香中夏景长"描绘了采茶、煮茶的农忙景象，《秋兴》中的"邻父筑场收早稼，溪姑负笼卖秋茶"显示出了民间村舍的茶叶贸易，《自上灶过陶山》中的"蚕家忌客门门闭，茶户供官处处忙"反映了宋时的苛重茶税与茶农的艰难；有表现茶艺，如《雪后煎茶》中的"雪液清甘涨井泉，自携茶灶就烹煎"是为煎茶，《临安春雨初霁》中的"矮纸斜行闲作草，晴窗细乳戏分茶"是为分茶，《四月旦作时立夏已十余日》中的"争叶蚕饥闹风雨，趁虚茶嫩斗旗枪"是为斗茶；有茶俗茶情，如《观梅至花泾》中的"春晴闲过野僧家，邂逅诗人共晚茶"，《九日试雾中僧所赠茶》中的"今日蜀中生白发，瓦炉独试雾中茶"等皆反映了宋朝以茶待客、以茶会友的茶风茶俗……

陆游图

陆游茶诗不单单描绘反映茶事，其中还多以茶寄情、以茶喻理。《山茶一树自冬至清明后著花不已》中"惟有山茶偏耐久，绿丛又放数枝红"让人领略到诗人旖旎、超脱、惬意的情怀；《闲中偶题》诗中茶虽香但难解诗人忧愁，全诗无一"痛"字，却让人在茶香中体会到了诗人压抑、悲壮的沉痛；《七月十日到故山削瓜瀹茗翛然自适》虽描绘了饮茶作乐的舒

108

适场景，却又蕴含了诗人的爱国情怀：朝廷安于一时享乐，天下苍生可忧，自己虽有满腔报国之心，却不为他人所容⋯⋯

陆游一生与茶为伴，茶缘情深，所作茶诗文采斐然，意境超然，不仅向世人展示了宋朝茶文化，还让人从中得以体会其对人生价值的追求、对美好生活的憧憬、对国家天下的责任感。由此可见，陆游实乃一代伟大爱国诗人。

综上所述，宋朝咏茶诗不仅细致描写了茶的外形与神韵，还倾注了词人丰富的情感——或是生活志趣、或是日常情思、或是思想情怀，都引领着后世读者不禁各自品味，产生心灵共鸣。显然，在这些诗人眼里，茶已经不再是解渴饮品而已，更是一种念乡愁思、一种离别伤感、一种隐世之志。茶之于诗人，是精神良友，这也是宋代茶文化兴盛的至高表现。

第五章

明、清茶文化的普及

　　茶文化发展至明、清，已经经历了数朝数代的塑造，变得相当成熟。然而，明清时代毕竟是中国封建社会的顶峰时代。茶，在这样的朝代洗礼下，也就必然会显露出不一样的时代特征——对茶具之美的讲究、对饮茶艺术的追求及民间茶馆的风行。而这些也无一不意味着茶文化在明、清更加普及，更加渗透人心。就如一棵树，在宋朝已经成长得绿荫成片，而到了明、清，就开始绿树成片式地繁衍，以至最终形成了一望无际的森林。

第一节　明、清茶文化的发展形式

明、清茶文化的发展是继往开来式的——在继承了宋朝茶文化兴盛的基础上又追求超越前人，开拓出独有的茶文化。而这一点在明、清茶著方面表现得特别明显。

一、朱权与《茶谱》

宋有徽宗御笔著《大观茶录》，明有宁王亲笔作《茶谱》。可以说，谈及明朝茶著，世人都不得不提及《茶谱》，不得不提及宁王朱权。

朱权，字臞仙，号涵虚子、丹丘先生，明太祖朱元璋第十七子，封于大宁为王，故世称宁王。据史记载，朱权自幼聪慧、好学，成年后更是才华横溢、满腹经纶，精通道教、戏曲、历史、古琴、茶道等，一生成就非凡，著述颇丰。在发动靖难之役前，明成祖曾胁迫朱权发兵相助，并许诺分天下而治。然而，明成祖即位后，对此只字不提，更将朱权改封至江西南昌，夺其兵权。朱权历此变故，深受打击，一心求清净，寄情于文学艺术，多与文人学士来往。就在这期间，茶成了朱权重要的寄情托志之物，促其写下了对中国茶文化颇具贡献的茶著《茶谱》。

《茶谱》正文共十六则，内容涉及品茶、收茶、点茶、茶器具、煎汤法、品水等方面，并在序中指出"盖羽多尚奇古，制之为末，以膏为饼。至仁宗时，而立龙团、凤团、月团之名，杂以诸香，饰以金彩，不无夺其真味。然天地生物，各遂其性，莫若叶茶。烹而啜之，以遂其自然之性也。予故取烹茶之法，末茶之具，崇新改易，自成一家"，认为叶茶不但饮用方便，而且保持了茶的本色，而这些都是团茶所欠缺的，这一断言还极大地影响了后世制茶方式的改革，促使叶茶走进了后人的日常生活当中。同时，朱权还在正文当中指出茶的功能有"助诗兴""伏睡魔""倍清淡""中利大肠，去积热化痰下气""解酒消食，除烦去腻"等，认为饮茶的最高境界是"会泉石之间，或处于松竹之下，或对皓月清风，或坐明窗静牖，乃与客清淡款语，探虚立而参造化，清心神而出神表"。这些论断都独辟蹊径，别开生面。

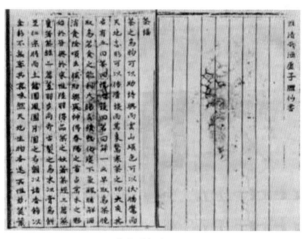

《茶谱》部分图

《茶谱》全书所述大多为朱权独创，大胆改革传统的品饮方法和茶具，为后世形成简单新颖的烹饮法打下了坚实的基础，同时也寄托了自己以茶明志的心境。这些都对后世影响深远，对茶文化的发展具有积极的促进作用。《茶谱》堪称明朝首屈一指的茶著。

二、明人品水

鉴茶品水,对于水质的精益求精历来是茶人不懈的追求。明人亦是如此,因此明代出现了许多以品水为主题的茶书专著。

《煮泉小品》,明代文学家田艺蘅所著。田艺蘅,字子艺,博学能文,却"七举不遇",遂放迹于西湖,寄情于山林;对茶,尤其是对煮茶之水颇有心得体会,故著品水之作《煮泉小品》。该书全文共 5000 余字,论及源泉、石流、清寒、甘香、宜茶、灵水、异泉、江水、井水等水资讯,洋洋洒洒挥墨,虽有需商榷之处,但仍可被称为一本颇为系统全面的品水大作。

《煮泉小品》图

《水品》,明代奉化知县徐献忠所著。徐献忠,字伯臣,号长谷,以文章气节闻名,时称"四贤"之一。此书约 6000 字,分上、下两卷,分别由田艺蘅作序、蒋灼题跋。据《四库全书总目提要》记载,其上卷为总论,分源、清、流、甘、寒、品、杂说等内容;下卷详记诸水,自上池水至金山寒穴泉。《水品》集各地宜煮茶之水,资料齐全,可谓之"水库",这也是其一大特色。

而除了这两本品水专著之外,明朝还有诸多散见于其他茶书中的品水论述,如张源《茶录》中的"茶者,水之神;水者,茶之体。非真水莫显其神,非精茶曷窥其体";许次纾《茶疏》中的"精茗蕴香,借水而发,无水不可与论茶也";张大复《梅花草堂笔谈》中的"茶性必发于水,八分之茶,遇十分之水,茶亦十分矣;八分之水,试十分之茶,茶只八分耳"等。

明人饮茶，对水的追求更超前人，而这在茶著方面的体现就是品水著作成百花齐放之势。然而，无论是《煮泉小品》，还是《水品》，抑或其他品水论述，大多是在前人的基础上有所拓展，少有独创，这也是明朝虽有众多品水茶著，却无一代表性巨作的一大遗憾。

三、时代的总结《茶说》

当将目光聚焦在封建社会的落日王朝——清朝时，《茶说》作为茶文化的时代总结也就备受瞩目。

《茶说》为震钧所著的《天咫偶闻》之卷八。震钧，清代学者，曾执教于京师大学堂，博学多闻，著有《天咫偶闻》十卷，因有感于"京师士大，无知茶者，故茶肆亦鲜措意于此"，故"南颇留心此事，能自煎茶"，从而在《天咫偶闻》中特录《茶说》一章。而该文近2000字，系统地阐述了茶的择器、择茶、择水、煎法、饮法五个方面，虽是一家之言，却既有理论又有实践经验，颇为全面可信。同时《茶说》虽全文未提及"工夫茶"一说，但无处不透露出"工夫茶"的气息。震钧强调饮茶的环境与精神层次追求，谈到"可自怡，如果良辰胜日，知己三二，心暇于闲，清谈未厌，则可出而效技，以助佳兴；若俗冗相缠，众言嚣杂，既无清致，宁俟他辰"，这些都与今天的工夫茶理念一致。因此可以说，《茶说》还为后世研究工夫茶历史留下了一笔宝贵的资料财富。

《茶说》文字浅显，记述扼要，论述皆会心之言，内容思想上既有对前人的继承，又有自己的体会与发展，可谓一部出彩茶著，也为清朝这一时代的茶文化画上了圆满的句号。

第二节　宫廷茶事

随着茶文化的普及，明、清时代，莫说市井百姓茶不离手，即使是王孙贵族、皇室帝王的日常生活，茶也在其中扮演了极为重要的角色。这不，翻开历史书卷，明、清宫廷中的茶事、茶趣也比比皆是。

一、朱元璋因私茶斩驸马

茶法自唐出现，宋朝得以正式确立、完善后，就受到历朝历代朝廷的重视。尤其是宋神宗熙宁七年推行的"茶马法"，演变至明朝后，竟导致了一场"因茶斩驸马"的历史剧目。而这一切，都要追溯至明太祖时期。

1368 年，朱元璋应天府（今南京）称帝，定国号为大明，史称明太祖。明朝建立之初，百废待兴，明太祖为了集中力量打击退守漠北的元朝残余势力，便格外重视"茶马法"，力求从中获取更多的马匹用于战争。于是，洪武四年，明太祖下令，确定以陕西、四川茶叶易马，并设茶马司专门管理。同时，为了使朝廷能垄断茶马市场，明太祖还严禁民间私茶贩卖，违者处置格外严酷。

明太祖朱元璋图

然而，适时由于政策导致茶贵而马贱，茶马交易存在着丰厚的利润。

利益驱人心，不少商人，甚至军官、贵族，依旧顶着会被处以极刑的风险暗中操作茶马交易。其中，就有明太祖朱元璋的女婿、安庆公主的驸马欧阳伦。

欧阳伦自恃皇亲贵族，目无王法，多次派人私运茶叶贩卖，牟取暴利。而各路官员不仅不管制，还畏惧驸马、小心伺候。这更是助长了欧阳伦的嚣张气焰，甚至其家奴，也都开始目中无人，而其中又以一名唤周保的为甚。然而，事情总有东窗事发之时。洪武三十年四月，欧阳伦又命周保押私茶贩卖。浩浩荡荡的走私大军行至蓝田县，因其河桥司巡检税吏"伺候不周"，嚣张跋扈的周保又痛殴了其一顿。该吏不堪其辱，一纸状告到了明太祖的御案上。而明太祖知晓后大怒。时正值严禁私茶最严之关头，为严振朝纲法令，明太祖决定严惩，赐死驸马欧阳伦，同时处死周保等一众家奴与知情不报的一路官员，没收所有茶叶。

历史上，皇帝赐死皇亲贵族本不多见，更何况是因茶叶而赐死驸马。因此，从"朱元璋斩驸马"这一史实可以看出，茶叶在明朝廷中有着至关重要的地位，扮演着不可忽视的角色。

二、康熙题名碧螺春

明、清朝时期茶文化的一个显著特征是叶茶逐渐取代团茶，成为了饮茶新时尚。而在此过程中，清朝几位皇帝的推崇功不可没，康熙帝题名"碧螺春"更是一个标志性事件。

康熙帝，清朝第四位皇帝，功勋卓越，开创了康乾盛世的大局面。碧螺春，据资料记载，产于江苏吴县太湖洞庭山，原为野茶，长于碧螺峰石壁缝间，因为常年萦绕异香，故当地人称其为"吓煞人香"。

康熙三十八年，康熙帝南巡来到太湖洞庭山，巡抚宋荦迎接圣驾。宋荦深知康熙帝不喜铺张，又好茶，便派人前去购买当地名茶"吓煞人香"。泡茶进圣，康熙帝饮后只觉鲜爽生津，清香甘醇，直呼"好茶"，便询问茶名。宋荦回奏曰："此乃产于太湖洞庭山碧螺峰的'吓煞人香'。"康熙帝听后，直皱眉，说道："此茶本乃佳品，却无辜得了一个难登大雅

康熙帝图

之堂的名字。"于是，康熙帝便张罗着为此茶取个新名，他见该茶条索紧结、卷曲成螺，又产自碧螺峰，心下一动，便欣然题名为"碧螺春"。

自此，"吓煞人香"便易名"碧螺春"，又因康熙帝极为喜爱，便成为贡茶，年年进奉，声名远扬。

三、乾隆茶礼

历代皇帝之中，最爱茶、最有茶事可讲的莫过于清朝乾隆皇帝。乾隆帝，清朝第六位皇帝，一生爱茶，并善写茶诗。相传，年事已高的乾隆帝意欲让位嘉庆帝时，一位老臣惋惜地进谏道："国不可一日无君。"乾隆帝听后则回道："君不可一日无茶。"可见，茶在乾隆帝的日常生活中占有极为重要的地位。

同康熙帝一样，乾隆帝也爱巡游民间。而就在这巡游过程中，许多茶事便流传开来。现在南方一带有茶礼，即在受人续茶、敬茶之时，曲食指和中指轻叩桌面，以表谢意。而这据说就源自于乾隆帝南巡之时。

乾隆帝图

相传，乾隆帝南巡，路过一茶楼，心之所动，并上楼饮茶。即时，乾隆帝茶瘾大发，不等伙计斟茶，便亲自动起手来，同时还为同行侍从倒了茶。侍从见状大为吃惊、不知所措。要知道皇帝倒茶，那可是御赐，按规矩当行大礼受之。然而，如今皇帝微服出巡，又不能暴露身份，侍从实在为难。正在这两难时刻，其中一侍从灵机一动，曲起食指和中指轻叩桌面，状如双膝下跪，以谢皇恩。乾隆帝见之，龙颜大悦，颔首以示嘉许。而一旁后来的伙计不解问之，侍从便答曰："此为茶礼也。"

这本是一时之计，却不料世人觉其极雅。于是乎，这一扣手茶礼便流传开来，并流传至今。

四、千叟宴

清宫饮茶之风可谓十分盛行。历代皇帝皆好茶，宫廷之中专门设有御茶房，由专门大臣管理。而除御茶房外，清廷还有皇后茶房、皇太后茶房，皇子皇孙娶妻后也有茶房，皆有专人管理。同时，朝廷还会举行大型茶宴招待群臣，每逢宴会也少不了茶，这其中又以千叟宴最为出名。

清朝千叟宴，始于康熙帝，盛于乾隆帝，是清宫中规模最大、与宴者最多的盛大御宴。既为御宴，则全程无不体现皇家气派：不仅有宫廷御厨精心准备的满汉全席宴，还有众多皇家贡品酒水，无一处不精致，无一不为上品，声势浩大，被文人墨客称为"恩隆礼洽，为万古未有之举"。

《千叟宴图》部分图

然而，即使是在这样一场酒宴当中，茶也得到了极大重视。据史料记载，千叟宴上首开茶宴，而宴后皇帝还会将茶与茶具赏赐给一些大臣，以表重视。千叟宴前所未有，尊贵气派非常，程序复杂繁多，却仍旧以茶宴为首。宴上饕餮众多，宫中珍品无穷，皇帝御赐殊荣却仍旧选择茶与茶具来显皇恩浩荡。这种种迹象无一不表明茶在清宫中的地位，无一不显示茶在大清天下的兴盛繁荣。

第三节 茶 我 合 一

明、清茶文化比之前朝历代更深入人心，表现之一就是文人雅士们爱茶已不只是停留在作茶诗茶词、寄情于茶而已，更多的是痴情于茶、沉湎于茶，上升到了一种"茶我合一"的境界。对于他们而言，茶就是生活中不可或缺的一部分，茶已渗入其身体与精神层面，再也无法剥离。

一、朱权行茶破孤闷

论及明代"茶我合一"之人首属宁王朱权。历经靖难之役，朱权身心俱疲，内心抑郁非常；迁徙至南昌后，他更是一心求静，寄情于文学艺术。而就在这时候，茶作为历代以来"超尘脱俗"的代表，进入了朱权的世界。他不只常年沉浸于茶道、茶学、茶文化，最终撰写出明代茶巨著《茶谱》，更是将茶作为自己的一部分，构建出一套行茶仪式，追求"行茶破孤闷"的境界，以此纾解自己的内心抑郁。

据记载，朱权所构建的行茶仪式为：先让一侍童摆设香案，安置茶炉；然后让另一侍童取出茶具，汲清泉，碾茶末，烹沸汤，候汤如蟹眼时注于大茶瓯中，再候茶味泡出时，分注于小茶瓯中。这时主人起身，举瓯奉客，说道："为君以泻清臆（'为您一抒胸臆'之意）。"客人起身接过主人的敬茶，也举瓯说道："非此不足以破孤闷。"然后各自坐下，饮完一瓯，侍童接瓯退下，于是主客之间话久情长，礼陈再三，琴棋相娱。

这套烹茶待客、焚香弹琴的行茶仪式，充分展示了明人所追求的饮茶境界，同时也透露出了朱权内心的期盼——愿茶化解自己的孤闷。而更值得一提的是，这套行茶仪式不仅对后世影响深远，还对日本茶道有着直接的影响。

二、文徵明竹符调水

明朝文人嗜茶，文徵明堪称典范。文徵明，原名壁，字徵明，又号衡山居士，故世称"文衡山"，明代著名画家、书法家、文学家，"吴中四才子"之一，"吴门四家"之一。文徵明嗜茶，一生作品当中有名画《惠山茶会图》《茶具十咏图》，茶诗150多首。

文徵明《惠山茶会图》图

文徵明痴情于茶、沉湎于茶，甚至有些走火入魔。他对烹茶之水要求极高，书中即有"竹符调水"典故作证。据说，文徵明讲究水质，又爱宝云泉水，故常常派挑夫进山汲水。然而有几次，文徵明发现用此水冲泡出来的茶口感不佳，不如往常。细细一打听，原来是挑夫嫌路途遥远，便就近取了一些泉水敷衍了事。为防止这样的情况再次发生，文徵明便制作"竹符"（实际就是一种竹制的筹码），交给宝云泉边的僧人作为信物，并要求挑夫每每汲水，必须要取竹符而归作为凭证。

自此，文徵明再也不愁水质问题，欣然饮茶之余还作诗道"竹符调水沙泉活，瓦鼎燃松翠鬣香""白绢旋开阳羡月，竹符新调惠山泉"等。

第四节 以茶会友

以茶会友，历来就是美事、雅事一桩，待明、清时代茶饮普及之时更是如此。爱茶之人如张岱以茶会友，共品佳茗；著书之人如蒲松龄以茶会友，网罗天下奇闻轶事终成大作；更有闲情逸致之人登茶楼饮杯茶，话尽家事、国事、天下事。

一、张陶庵品茶鉴水

张陶庵，即张岱，字宗子，号陶庵，明末清初文学家、史学家、散文家，一生著述颇多，堪称一代奇才。张陶庵是嗜茶之人，其自称"茶淫"，认为在生活七件事中，可以不管柴米油盐酱醋，却不能不理茶，品茶乃是人生一大快事也。在其著作《陶庵梦忆》中，他就记录了这么一件"品茶鉴水，以茶会友"的人生快事。

《陶庵梦忆》图

明代闵汶水，擅长瀹茶。当世名流雅士极为推崇他，都以能品到闵汶水所煮之茶为荣幸，因其年事已高，故敬称其"闵老子"。张陶庵闻之，一心想登门拜访。崇祯十一年九月，张陶庵在朋友的指引之下，终于前去拜见闵老子。却不料，闵老子一早就出门，张陶庵只好在门前等待，而这一等就是一天。

天色已晚之时，闵老子终于散漫而归。两人行过礼后，刚说了一句话，闵老子就又自说自话、急急忙忙地径自出门寻拐杖去了。张陶庵只好继续等待，尽管有些焦躁不安，却也还是认为"今日岂能空手而去"。这一等又到了初更十分。闵老子归来见张陶庵还在，大为惊讶，询问之后，颇为其"痴茶之心"感动，当即焚炉煮茶，款待张陶庵。

两人入室饮茶，张陶庵捧茶小呷一口，暗自叫绝，问道："此茶产于何方？"

闵老子随口一应道："此乃阆苑茶（产于四川）。"

张陶庵又细品一口，说道："此茶虽是与阆苑茶同样制法，但味道却不像。"

闵老子则回问："那您认为这茶产于何方？"

张陶庵答："这该是罗岕山的名茶（罗岕山在今浙江长兴）。"

闵老子闻之，大惊，直呼："奇！奇！"

张陶庵又问："这水是何地的水？"

闵老子答曰："是惠山泉。"

张陶庵道："您休要骗我了。惠山泉离此地遥远，怎么可能千里汲水又不见老呢？"

闵老子曰："我也不敢再欺骗您什么。这水确实是惠山泉水。

只因不以寻常方法汲来，故而水嫩非常，即使是寻常惠山泉水也无法相比。"

过了一会儿，闵老子又为张陶庵斟了一杯茶，说道："您再品品此茶。"

张陶庵细细品饮后说道："此茶香气扑鼻，味道浓厚，必是春茶。方才的则应是秋茶。"

闵老子听罢，惊喜万分，说道："我已七十，却从未见过何人品茶鉴水能如您一般。"

以茶会友，其乐无穷。两人也因茶成为忘年之交，传为一段佳话。

二、蒲松龄路设大碗茶

蒲松龄，字留仙，又字剑臣，号柳泉居士，清代著名小说家、文学家，著有小说集《聊斋志异》，故又世称聊斋先生。《聊斋志异》记载了大量奇闻轶事，堪称经典名著，作者蒲松龄也因此曾被著名学者郭沫若先生赞

蒲松龄图

为"写鬼写妖高人一等，刺贪刺虐入木三分"，作家老舍也夸曰"鬼狐有性格，笑骂成文章"。这本传世名著的故事来源非常广泛，或有蒲松龄自己的亲身经历与虚构，亦有许多出自民间传说。而这其中，还有蒲松龄路设大碗茶"以茶会友"的故事。

相传，蒲松龄为写《聊斋志异》，曾在自己居住的蒲家庄大路口的老树下摆设茶摊。茶摊上不仅摆放着一缸粗茶

与几只大茶碗，还放置着文房四宝笔、墨、纸、砚。蒲松龄初设这茶摊的目的在于供行人歇脚与闲聊，而自己可以从中获得故事素材与灵感。后来，蒲松龄则直接立下"规矩"：但凡行人能说出一个故事，茶钱就一概不收。此规矩一出，立马吸引更多的行人前来，他们有些人大谈天下奇闻轶事，有些人则胡编乱造、临时想了一个故事而已。然而，蒲松龄一概不计较，全都记录在案。日复一日、年复一年，蒲松龄依靠路设大碗茶的方法攒集到了丰富的故事素材，并激发出了无限的灵感。而许多时人听闻蒲松龄路设大碗茶的事迹，颇为感动，不为喝茶，也将自己的所见所闻告诉他。

于是，再凭借自己丰富的想象力与扎实的文学功底，蒲松龄完成了一篇又一篇牛鬼蛇神、妖魔狐仙的小说，最终撰写出了震古烁今的《聊斋志异》。

三、明清茶楼文化

明、清时期品茗之风普及的最大表现在于茶楼的兴盛，这也是明、清朝茶文化的一大特点。茶楼源于茶摊，早在晋代就具有雏形。而至唐朝唐玄宗开元年间，茶楼初具规模；又经宋朝发展；到了明、清时代，茶楼文化更是有了发扬，形式愈加多样，功能愈加丰富，以至清朝时期达到了鼎盛。适时，无论平民百姓、八旗子弟，还是皇亲王室、官僚贵族，甚至政客军阀，都极爱出入茶楼，或话家常，或商国事。可以说，茶楼在一定程度上见证了清王朝历史的兴衰演变，这一点在老舍先生的《茶馆》中就可证一二。

茶楼图

明、清茶楼功能丰富，既有普通的以饮茶为唯一娱乐的茶楼，又有可以听书、看戏的多功能茶楼。明、清朝廷，尤其是清朝廷对民众思想统治森严，百姓不具有过多的言论、活动自由。在这样的社会背景下，茶楼这一受到推崇的文化，便成为了市井活动最重要的场所。人们既可以在其中饮茶作乐，亦可以在其中听书看戏。有志之士甚至可以以品茗看戏为名，居其中商讨国事。茶楼文化，可见丰富至极。

这正所谓，小小一茶楼，不仅见证了王朝历史的演变发展，还汇集了家事、国事、天下事。

第五节　文学作品中的茶

同唐宋诗词一般，明、清朝代文学也结出了累累硕果，那便是满目琳琅的小说著作。而就在这些文学作品当中，茶的身影亦是处处可见。巨作《红楼梦》中的妙玉泡茶，神魔小说《镜花缘》中的美女论茶，短篇小说集《聊斋志异》中道不尽的茶事，这些都是明、清茶文化普及的重要体现。

一、《金瓶梅》"吴月娘扫雪烹茶"

《金瓶梅》，亦称《金瓶梅词话》，明朝兰陵笑笑生所著，约成书于隆庆至万历年间，是明代"四大奇书"之首，是我国古典小说的分水岭，是中国第一部文人独立创作的长篇白话世情章回小说，在中国文学史上具有开拓性意义。内容以《水浒传》中的"武松弑嫂"为大背景，描绘了封建社会中市侩人物代表西门庆及其家庭的罪恶生活，反映了明朝中期的黑暗和腐朽。西门庆兼有官僚、恶霸、富商三种身份，因此小说的描绘极具代表性和典型性，可以说是刻画了一个真正的明朝世界。

《金瓶梅》插图

该小说反映了明朝社会百态，而其中有关饮食生活的描写，其丰富与细腻程度堪比《红楼梦》，只是不尽如《红楼梦》那般高雅仕气。而书中对茶的描写也极多，有独品佳茗的描绘，有对饮名茶的叙述，还有宾客成群的茶宴渲染；而涉及的名茶却只有两种，一种为六安名茶，另一种则为江南凤团雀舌芽茶，出现于书中第二十一回的雅致场景"吴月娘扫雪烹茶"。

"……西门庆把眼观看帘前那雪，如撏绵扯絮，乱舞梨花，下的大了。端的好雪。但见：

初如柳絮，渐似鹅毛。唰唰似数蟹行沙上，纷纷如乱琼堆砌间。但行动衣沾六出，只顷刻拂满蜂翼。衬瑶台，似玉龙翻甲绕空舞；飘粉额，如白鹤羽毛连地落。正是：冻合玉楼寒起粟，光摇银海烛生花。

吴月娘见雪下在粉壁间太湖石上甚厚。下席来，教小玉拿着茶罐，亲自扫雪，烹江南凤团雀舌牙茶与众人吃。正是：

白玉壶中翻碧浪，紫金杯内喷清香。

…………"

西门庆亦官亦商，尽管奢华无比，却毕竟为市井俗物，俗气满身。然而在这一回中，得妻子吴月娘之幸，做了一件雅事，得尝白雪名茶。江南凤团雀舌芽茶，是指一种早在北宋时，就产于福建北苑的贡茶。名称中的"江南"是一种源称，其实际产地在建安县凤凰山北苑，即现今福建建瓯。据《宣和北苑贡茶录·序》记载："宋太平兴国初，特置龙凤模，遣使即北苑造团茶，以别庶饮，龙凤茶盖始于此。凡茶芽数品，最上曰小芽，如雀舌鹰爪，以其劲直纤挺，故号芽茶。"建安茶历来为上品，《茶疏》就有记载："江南之茶，唐人首称阳羡，宋人最重建州；于今贡茶，两地独多。"因此，在明朝仍以其为贡茶。

雪景图

历来爱茶之人，就以雪水煮茶为茶中美事。章回中所描绘雪景美轮美奂，本就为人间至景，吴月娘又扫以太湖石上白雪，烹之江南凤团雀舌芽茶这一贡茶。可想而知，煮出来的茶是何等的美味雅致。满身市井之气的西门庆却得饮这样的佳茗，令人羡慕之余，方觉实在是糟蹋了这等雅致。

二、《红楼梦》"栊翠庵茶品梅花雪"

《红楼梦》，清代曹雪芹所著，中国古代四大名著之首，是一部具有高度思想性和艺术性的伟大作品。曹雪芹想必也是爱茶之人，否则《红楼梦》就不会有260多处提及茶，就不会有十几首咏茶诗，就不会有多种多样的饮茶方式和名茶种类，也不会有讲究至极的泡茶之水以及珍贵非凡的茶具古玩，真可谓"一部《红楼梦》，满纸茶叶香"。

而再深入论及《红楼梦》中的茶，就不得不提起"栊翠庵茶品梅花雪"这一经典章回。妙玉，是大观园栊翠庵中带发修行的尼姑，"十二金钗"

之六，聪颖博学，清高孤傲。《红楼梦》第四十一回提及在栊翠庵，妙玉私邀黛玉、宝钗在耳房内喝体己茶，宝玉悄随，四人一同"茶品梅花雪"。这样写道：

"妙玉执壶，只向海内斟了约一杯。宝玉细细吃了，果觉轻浮无比……黛玉因问：'这也是旧年的雨水？'妙玉冷笑道：'你这么个人，竟是大俗人，连水也尝不出来。这是五年前我在玄墓蟠香寺住着，收的梅花上的雪，共得了那一鬼脸青的花瓮一瓮，总舍不得吃，埋在地下，今天夏天才开了。我只吃过一回，这是第二回了。你怎么尝不出来？隔年的雨水那有这样轻浮，如何吃得？'……"

妙玉泡茶图

黛玉是何等奇女子也，却也在这茶水前被妙玉讥讽为"大俗人"。可见，妙玉是深谙茶道，极为讲究之人。世人历来讲究烹茶之水，陆羽也将水分为"山水上、江水中、井水下"。而这梅花雪水更是被称为"天泉"，宋代词人就曾以"细写茶经煮香雪"来赞美其味色双绝。更何谈，妙玉这"天泉"取自梅花上且已藏于地下五年，益发珍贵无比。

好水泡好茶，妙玉用这"天泉"好水泡以"老君眉"好茶，再配以极为讲究的名器茶具，可谓淡雅精致至极，充分体现了妙玉超凡脱俗的高洁气质，同时也体现出清朝时期世人对于茶文化的追求愈发雅致。

妙玉图

三、《镜花缘》"小才女亭内品茶"

《镜花缘》，清代李汝珍所著，结构独特、思想新颖，是一部极具想象力的神魔爱情小说，对封建社会的丑陋面目、男尊女卑的腐朽思想等多有批判。而在清朝饮茶之风的影响下，该书也描写了大量的茶文化现象，以"小才女亭内品茶"尤为出名。

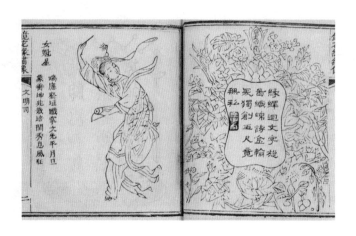

《镜花缘》插画图

　　有一回合写到百花仙子转世为唐闺臣与众才女在上京应考途中路过燕家村，应燕家小姐燕紫琼之邀过府小坐。因燕府中有绝世茶树几株，紫琼便请众才女移步至绿香亭内赏树、品茶、论茶。同《红楼梦》中妙玉泡茶不同，《镜花缘》中的美女论茶并无以茶衬托人物、暗藏玄机之妙，只是作者单纯地借众美女之口探讨茶的一些问题，包括茶树的特性、茶字的来源、茶名称的演变、茶的利弊等。作者博学多才，引用了大量前人著述来描写文中茶论，引经据典，又加之以自己的想象与改动，倒也深入浅出，颇令人信服。

《镜花缘》图

尽管后世对《镜花缘》中美女论茶的评价褒贬不一，但是不可否认的是，在当时世人极力推崇饮茶的氛围背景下，作者李汝珍却借《镜花缘》渲染了饮茶过甚之害，对饮茶之风的利弊作了学者式的探讨与警示，具有一定的借鉴意义。

四、《老残游记》"三人品茶促膝谈心"

《老残游记》，清朝学者刘鹗所著，是晚清的四大谴责小说之一，也被联合国教科文组织认定为世界文学名著。小说以一位走方郎中的游历为主线，反映了清朝的社会矛盾，独辟蹊径地指出清官昏庸的危害：误国害国比贪官还甚。同时，小说在提炼民族传统文化，融合生活艺术与哲学，体现女性平等，描绘人物心理与景物、背景的关系等方面都有极高的造诣，被认为是继《红楼梦》之后的又一部上乘"文化小说"、古往今来诞生于中华民族却在全世界范围内都超一流的巅峰之作，被前后翻译成八种语言传播至全球。

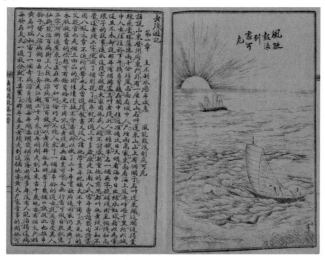

《老残游记》图

既然是一部文化小说，《老残游记》就必然会体现出清朝时已经全方面普及的茶文化。书中第九回的"三人品茶促膝谈心"曾写道：

"话言未了，苍头送上茶来，是两个旧瓷茶碗，淡绿色的茶，才放在桌上，清香已竟扑鼻。只见那女子接过茶来，漱了一回口，又漱一回，都吐向炕池之内去，笑道：'今日无端谈到道学先生，令我腐臭之气，沾污牙齿，此后只许谈风月矣。'子平连声诺诺，却端起茶碗，呷了一口，觉得清爽异常。咽下喉去，觉得一直清到胃脘里，那舌根左右，津液汩汩价翻上来，又香又甜。连喝两口，似乎那香气又从口中反窜到鼻子上去，说不出来的好受，问道：'这是什么茶叶？为何这么好吃？'女子道：'茶叶也无甚出奇，不过本山上出的野茶，所以味是厚的。却亏了这水，是汲的东山顶上的泉。泉水的味，愈高愈美。又是用松花作柴，沙瓶煎的。三合其美，所以好了。尊处吃的都是外间卖的茶叶，无非种茶，其味必薄。又加以水火俱不得法，味道自然差的。'"

不过区区一段话，却已足以体现清朝茶文化。女子玙姑认为谈及"道学先生"令自己有了"腐臭之气"，便以茶漱口，以清腐臭。此乃一个极小场景，却足以体现在清朝茶文化当中，茶是至清之物，可醒人心、去朽气，茶在人们心中乃为阳春白雪之上物。而再看此茶，才放在桌上，就已经香气扑鼻，申子平才饮一口，就已经觉得清甜无双，再连喝两口，更觉得浑身舒畅，可见该茶极妙。而再细问，玙姑却道茶无甚出奇，只不过是烹茶极为讲究：引高山之泉，以松花作柴，沙瓶煎之，方得这样好茶。适时其人身在乡间（济南平阴一带），饮茶却如此讲究，且不论茶名贵与否，烹茶之法就已经雅致精巧至极，这样的茶品还怎能不令人想象富贵人家更是该如何饮茶，还怎能不体现出清朝饮茶之风的普及与精致？

《老残游记》插画图

五、《儒林外史》中的茶事

《儒林外史》，清朝吴敬梓著，长篇讽刺小说，共五十六回。小说以清朝的一群知识分子为主角，描绘了他们深受八股科举制度毒害的人生百态，揭示并批判了当时科举制度与封建礼教的弊端与腐败，反映了社会世俗风气的败坏。对人物的刻画入木三分，对白话文的运用炉火纯青，以高超的讽刺技艺塑造、嘲讽了一批典型的儒生形象，《儒林外史》也因此被

吴敬梓图

称为中国古典讽刺文学的佳作，代表了中国古代讽刺小说的高峰，开创了以小说直接评价现实生活的范例。传世以来，备受赞誉，鲁迅评其"秉持公心，指摘时弊"；胡适认为其艺术特色堪称"精工提炼"……

在茶事方面，《儒林外史》也是"满纸茶话"。全书描绘到茶事的有 45 回，涉及茶事的更有 290 处，比之《红楼梦》有过之而无不及。而吴敬梓在书中大量的茶事描绘，不仅向世人展示了清朝的茶文化，更是借描写茶使得整本小说更加顺畅、出彩。

如第四回，范进与张敬斋住在关帝庙时，严贡生与家人带着食盒前来说道："次日小弟到衙门谒见，老父母方才下学回来，诸事忙作一团，却连忙丢了，叫请小弟进去，换了两遍茶，就像相与过几十年的一般……"这里所谓的"换了两遍茶"是指上了茶，中途又换了两遍。严贡生特意说明这一细节，意在吹嘘自己与知县的亲密，如同几十年好友般，在县衙备受重视。而这样的以茶待客以显重视，也体现了茶的地位。而在第二十三回中，又有这样的场景描写："第三日，牛浦同道士吃了早饭，道士道：'我要到旧城里木兰院一个师兄家走走，牛相公，你在家里坐着罢。'牛浦道：'我在家有甚事，不如也同你去顽顽。'

当下锁了门，同道士一直进了旧城，一个茶馆内坐下。茶馆里送了一壶干烘茶，一碟透糖，一碟梅豆上来。"与友相会，无他选择，即在茶馆，可见清朝时茶馆文化的普及。茶馆处处可见，已经成为了清朝百姓日常生活中的一部分。

《儒林外史》插画图

　　《儒林外史》写茶之多，远不止如此。作为一本讽刺社会百态的巨作，茶事描写如此繁多，也足以可见茶文化在清朝的地位与普及程度。研究明朝茶文化与茶史，就应细读《儒林外史》。

六、《聊斋志异》中的茶事

《聊斋志异》，清代著名小说家蒲松龄所著，题材广泛、内容丰富，塑造了众多艺术典型，堪称中国古典文言短篇小说的巅峰。然而就在这本"写鬼画狐入木三分"的传世小说中，茶事也无处不在。

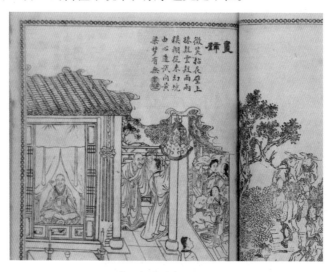

《聊斋志异》插画图

全书茶事处处皆是，主要包括饮茶风俗、茶具描写、茶与佛道、以茶刻画人物与情节等方面。如《三生》篇中"刘孝廉……六十二岁而殁，初见冥王，待如乡先生礼，赐座，饮以茶。觑冥王盏中，茶色清彻，已盏中，浊如胶"，是以茶待客之道；《河间生》篇河间生受老翁之邀入洞饮宴"人则廊舍华好。即坐，茶酒香烈；但日色苍皇，不辨中夕。筵罢既出，景物俱杳"，是为宴客上茶之礼；《局诈》篇的"金碗"，《丐仙》篇的"赤玉盘""玻璃盏"皆为皇亲贵族所用茶具；《鸽异》篇涉及茶与佛教，《白于玉》篇描绘了道家用茶的场面；《梦狼》篇借茶刻画门役的狡诈贪婪；《水莽草》篇以茶为媒介将故事情节描绘得栩栩如生，等等。

蒲松龄采风图

　　《聊斋志异》取材自民间，文中处处见茶事，可见茶文化经过一整个封建社会的孕育、发展与普及，确实已经无处不在。它不是高高悬于文学世界里的空中楼阁，亦不是深深藏于宫廷闺阁中的旷世奇宝，而是实实在在地存在于上至君王、下至平民的家中，等同于"柴米油盐酱醋"的存在。这也是一种文化真正普及最终、最好的表现。

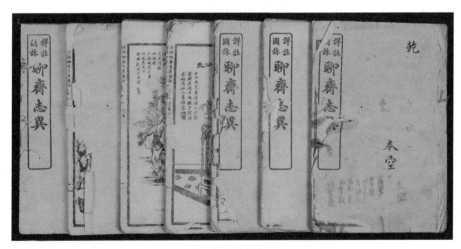

《聊斋志异》书图

第六章

现当代茶文化的发展

历经数千年的风雨洗涤，茶文化由最初的一颗种子经开花结果，终成一片森林，潜移默化中覆盖了整个中华大地，循序渐进中侵入了人心，让中华儿女再也无法忽略它的存在，并深深地将其注入日常生活的细枝末节当中。因此，历史推进至现当代，茶文化或许已经没有了过去的惊天动地，但依旧有那么一些令人津津乐道的故事。

第一节　现当代名人茶故事

不论是在动荡的年代里，还是在和平的岁月中，辉煌灿烂的中华文化里向来不缺文人墨客、名人大家。"自古才子多风流"，在某一种程度上而言，才子总是情思满怀、文采飞扬，普通人眼里的柴、米、油、盐或许就是他们心中的琴、棋、书、画。更何况是茶，这一已经被赋予了厚重情感的文化。因此，即使是到了现当代，那些名人大家们在才思迸发之余，以茶作乐，还继续演绎着一段段茶事传奇。

一、鲁迅施茶

鲁迅，原名周树人，字豫才，是中国伟大的无产阶级文学家、思想家、革命家，中国文化革命的主将，中华民族精神的发扬人。生活在半殖民地半封建的社会里，鲁迅心怀天下，曾弃医从文，渴望改变国民精神麻木的现象。然而，面对政府的腐朽懦弱、百姓的水深火热，鲁迅一生忧心不已，内心抑郁之余嗜烟无比，同时也爱茶，曾在杂文《喝茶》中写有"有好茶喝，会喝好茶，是一种清福。不过要享受这种清福，首先就必须练功夫，其次是练出来的特别的感觉"的饮茶妙论。而鲁迅逝世后，其好友内山完造还在《便茶》一文中谈及了二人施茶之事，令人印象深刻。

鲁迅图

内山完造曾在上海开有内山书店，因鲁迅时常光顾，二人便结为好友。1935年夏，上海燥热无比。鲁迅便与内山商讨，在书店内施茶行善，由内山准备茶缸并烧水，鲁迅则供应茶叶。而正是这次施茶让内山完造对中国劳动人民的伟大品格印象深刻。施茶本是无偿的，内山完造却经常发现留有铜钱，细细观察之下，原来是人力车夫饮茶后自觉留钱以作答谢。

鲁迅手稿图

《鲁迅日记》中的1935年5月9日篇也对这件施茶之举作了记录："以茶叶一囊交内山君，为施茶之用。"施茶或许只是小事一桩、举手之劳而已，但却足以见证二人的高尚品格，也折射出了中国劳动人民的美好品质。

二、梁实秋买茶

梁实秋,原名梁治华,字实秋,号均默,中国著名学者、散文家、文学批评家、翻译家,是国内研究莎士比亚的权威。梁实秋的茶事,可从其所著文《喝茶》中略见一二。

梁实秋故居图

梁实秋在《喝茶》开篇谈及:"我不善品茶,不通茶经,更不懂什么茶道,从无两腋之下习习生风的经验。"但事实上,梁实秋饮茶颇为讲究,平日里所饮非香片即龙井,家中还有私传、外人不得知的饮茶方法,即"恒以一半香片一半龙井混合沏之,有香片之浓馥,兼龙井之苦清"。一生饮尽名茶,"北平的双窨、天津的大叶、西湖的龙井、六安的瓜片、四川的沱茶、云南的普洱、洞庭山的君山茶、武夷山的岩茶,甚至不登大雅之堂的茶叶梗与满天星随壶净的高末儿,都尝试过"。

梁实秋图

同时，他还在文中叙及了其买茶一事，对其影响颇深。"初来台湾，粗茶淡饭，颇想倾阮囊之所有再饮茶一端偶作豪华之享受。一日过某茶店，索上好龙井，店主将我上下打量，取八元一斤之茶叶以应，余示不满，乃更以十二元者奉上，余仍不满，店主勃然色变，厉声曰：'卖东西看货色，不能专以价钱定上下。提高价格，自欺欺人耳！先生奈何不察？'"店主棒头一喝，自此梁实秋饮茶只论品味，不论价格。

然而，正是他这种饮茶之道：但求茶的品质和内蕴，追求茶的真善美所在，而不求茶价格的高低，实质上已是一种更为高层次的饮茶境界。因此可以说，梁实秋

梁实秋书法图

实在不是不善品茗，实为其已经高于世人太多，所讲究之处早已不同于旁人。

三、老舍与《茶馆》

在内涵丰富的茶文化当中，茶馆文化是不容忽略的一部分。然而，古往今来，历史上却鲜少有著作记载、反映这一传统文化。思及此，老舍先生的伟大贡献就尤为突出。他用浓厚的艺术笔法描绘了北京一茶馆的兴衰，向世人展示了新旧社会交替下北京老百姓真实、生动的生活面貌，同时传播了茶馆这一重要传统文化。

老舍，原名舒庆春，字舍予，中国现代著名小说家、作家，杰出的语言大师，是新中国第一位获得"人民艺术家"称号的作家，一生忘我工作，是文艺界当之无愧的"劳模"。1957年，老舍于《收获》第一期发表剧本《茶馆》；1958年3月，《茶馆》开始首演，自此历经风雨，成为戏剧界经典，被誉为"东方舞台上的奇迹"。

老舍图

《茶馆》描绘了北京裕泰大茶馆的兴衰，生动形象地展示了北京老百姓的生活。其开场白就道："这种大茶馆现在已经不见了。在几十年前，每城起码都有一处。这里卖茶，也卖简单的点心与饭菜。玩鸟的人们，每天在溜够了画眉、黄鸟等之后，要到这里歇歇脚，喝喝茶，并使鸟儿表演歌唱。商议事情的，说媒拉纤的，也到这里来……总之，这是当时非常重要的地方，有事无事都可以来坐半天。"可见，茶馆是清末民初老百姓生活中无法剥离的一部分，在这里可以听到世间所有的新闻，如"某京剧演员新近创造了什么腔儿""煎熬鸦片的最好方法""可以看到某人新得到的文物奇珍"等。老舍就曾评价说："这真是重要的地方，简直可以算作文化交流的所在。"一个大茶馆就是一个小社会，老舍深谙其道，通过抓住"清末戊戌变法失败后""民国初年北洋军阀割据时期""国民党政权覆灭前夕"三个时代的茶馆场景描写，反映了当时中国各阶层、势力的尖锐对立与矛盾冲突，真实展现了半殖民地、半封建社会下中国老百姓的历史命运。

老舍故居图

不同于寄情于茶的风花雪月情怀，老舍借茶馆这一已经渗入中华儿女骨髓的文化，来展现特定时期里中华儿女的喜怒哀乐、悲欢离合，具有极强烈的时代象征意义。也或许正因为如此，《茶馆》才会不朽，老舍才被称为"人民艺术家"。

老舍《茶馆》图

老舍《茶馆》剧照图

第二节　茶学泰斗吴觉农

　　茶文化发展千年，有许许多多人作出了重要贡献。然而其中，却只有两个人被世人称为"茶圣"。那便是唐代茶学专家陆羽，以第一本茶学著作《茶经》响彻古今；以及现代农学家吴觉农，以当今研究《茶经》最权威的著作《茶经评述》闻名于世。

　　吴觉农，原名荣堂，浙江上虞丰惠人，中国著名农学家、农业经济学家，现代茶叶事业复兴和发展的奠基人，著有《茶经评述》，最早论述了中国是茶树的原产地，创建了中国第一个高等院校的茶业专业和全国性茶叶总公司，又在福建武夷山麓首创了茶叶研究所，为发展中国茶叶事业作出了卓越贡献，被世人敬为茶学泰斗、当代"茶圣"。

　　青年时期就读于浙江中等农业技术学校（浙江农业大学前身）时，吴觉农就对茶学研究产生了浓厚的兴趣。1918 年，留学日本，他一直未放弃在茶学方面的探究；1922 年，年仅 25 岁的吴觉农撰写了论文《茶树原产地考》，第一个论述了中国是茶树的原产地，驳斥了长久以来"印度是茶叶原产地"的权威认定，引起国内外广泛关注。此后，他又陆续撰写了多篇茶学名著，如《中国茶叶改革方准》《中国茶业复兴计划》《世界主要产茶国之茶业》《中国茶业问题》等，为中国茶学理论奠定了坚实的基础。不仅如此，吴觉农还十分重视茶学实践。通过他的大力倡导与努力，1940 年，我国第一个高等院校的茶叶专业系科——复旦大学农学院茶叶系建立；1941 年，我国第一个茶叶研究所——财政部贸易委员会茶叶研究所创立。

茶学泰斗吴觉农图

吴觉农一生对我国茶业实在是呕尽心力、贡献丰伟,单从其《茶经评述》一著的撰写就可觑一二。20世纪五六十年代,中国农业出版社邀请吴觉农主持关于古代茶书整理、注释的出版工作。然而,经过查阅比对,吴觉农发现古代茶书多有重复,简单地加以整理注释的话,并无多大意义。于是,他主动向出版社提出了自己的看法:以《茶经》一书为基础,兼及其他古代茶书,通过评述的形式,回顾茶学的历史经验,古为今用。中国农业出版社认为颇有新意,大为赞同,当即拍板让吴觉农主编,并将书命名为《茶经评述》。

然而,因"文化大革命",直到1979年,吴觉农才得以开始《茶经评述》的编写工作。尽管已经82岁的高龄,吴觉农依旧以全身心、十二分精神的姿态投入编写,精益求精,三易其稿。不仅仔细地校勘、研究了《茶经》,

还深入浅出地评述，糅合了当时最新的学术发现。可谓既以古为基础，又与时俱进。还不限于此，为了得到真实可靠的第一手资料，吴觉农经常不顾高龄，跋山涉水，远赴四川、云南等地实地调研，撰写论文，从而将观点融合进《茶经评述》。历时 5 年，《茶经评述》终于于 1984 年脱稿完成了。同年 11 月，陆定一在其序中高度赞扬了《茶经评述》，认为其是"20 世纪的新茶经"，是"茶学的里程碑"，并赞誉吴觉农是当之无愧的当代中国"茶圣"。

1989 年 10 月 28 日，吴觉农因病于北京逝世。回顾吴觉农的一生，是矢志不渝地为中国茶业作贡献的一生。哪怕是在逝世前一个月，病魔缠身，他依旧兴致高昂地观看了"茶与中国文化"的展出，依旧在关心中国茶业的发展、中国茶文化的兴旺繁荣。茶学泰斗吴觉农，无疑是中国茶业的骄傲。

第三节　茶农与现当代"采茶戏"

茶叶适摘时节，茶农上山采茶。辛苦劳作之余，欣喜之情油然而生，不禁吟喝几曲，形成"采茶歌"。长久发展下来，采茶歌渐渐多了民间舞蹈，又形成了"采茶灯"。而为招待茶商前来，"采茶灯"时常会被作为即兴节目表演，逐渐被添加许许多多的茶事细节，故事情节越发丰满，一来二去，结合各地曲调和方言便形成了"采茶戏"。这些流行于江南与岭南地区的"采茶戏"，大多产生于清代中期至清代末年，多反映劳动人民的生活，特色鲜明，深受人民群众的喜爱。发展至今，已形成了赣、闽、鄂、粤、桂等几大独具地区特色的采茶戏。

一、江西采茶戏

江西采茶戏最早源于赣南安远县九龙山茶区，这里也是所有采茶戏的起源地，而后传至赣东铅山县，并迅速地向全省各地流传开来。而各地又吸收自己地域的戏曲艺术特色，开拓创新，衍变出了各地独具风味的采茶戏。

赣南地区的采茶戏形成最早，清代中叶已经颇为流行，多为轻松活泼的喜剧。唱腔曲调有灯腔、茶腔、路调、杂调四类，又以茶腔为主；剧本多为丑、旦、生合演的民间生活小戏，其中《采茶歌》颇具影响，《茶童戏主》还被摄制成影片。

江西采茶戏

赣西地区主要有萍乡采茶戏等，清道光年间已经盛行；赣北地区有南昌采茶戏、武宁采茶戏和九江采茶戏，其中九江采茶戏颇近于黄梅采茶戏……

总的来说，江西采茶戏丰富多彩，善于吸收民间歌舞特色与地方戏曲的长处，具有浓厚的生活气息。尽管在清朝时屡遭禁演，却依旧以其顽强的生命力活跃于广大乡间农村，现已成为颇为流行的地方戏曲。

二、闽西、闽北采茶戏

闽西、闽北采茶戏是流行于闽西龙岩、宁化、清流、长汀、连城和闽北光泽、政和、将乐一带的戏曲剧种，源于江西赣南的九龙山。据史籍记载，清朝年间，宁化山区每逢冬春农闲之时，老百姓必张灯结彩，演唱茶歌小调，被称为"五饰戏""踩擦戏"，一度出现"醵歌浃月，合邑如狂"的现象。清朝李世熊的《宁化县志》卷一里就曾有"迎神之会有五饰灯戏，煎沸昼夜"的记载。发展至清末民国初，采茶戏就不仅在宁化盛行，还广泛流传到了清流、长汀、连城等地区。20世纪30年代，采茶戏更为普遍，戏班犹如雨后春笋，遍布各地。

闽西、闽北采茶戏载歌载舞、清新明快、活泼优美；角色初为一生一旦或一丑一旦，后逐渐发展至"八角头"；音乐以茶歌、小调为主，男女同曲异腔，语言用地方"土官话"；内容多反映男女爱情、悲欢离合、伦理道德和善恶报应，生动朴实，深受地方群众喜爱。

三、湖北阳新采茶戏、黄梅采茶戏

阳新采茶戏是流行于湖北省阳新县的汉族戏曲剧种，2008年入选国家非物质文化保护遗产，被誉为"盛开在鄂东南地区一支独放的山茶

152

花"。据《兴国州志》《阳新县志》记载，阳新早在宋代就被列为全国12个贡品名茶产区之一，产茶历史悠久，拥有采茶戏孕育产生的历史背景。清康熙年间，阳新有着"鱼米之乡"的美誉，为茶文化的发展提供了厚实的经济基础，促使了"花灯调"的产生，即为阳新采茶戏的最早雏形。而后，"花灯调"结合黄梅采茶戏的特点，并经过民间艺术家们的不断努力，阳新采茶戏便诞生了。而发展至今，阳新采茶戏具有传统剧目100多个，其音乐由正腔、彩腔、击乐组成，演唱采用方言，动作朴实奔放，情感质朴浓烈，曾排演《闯王杀亲》《张无奈拾印》《三姑出宫》等优秀剧目，先后获得各项大奖，并涌现出一批批国家级的编剧、作曲家、导演、演员等。

王平将军与阳新采茶戏的小演员合影图

黄梅采茶戏形成于清朝嘉庆年间，由湖北省黄梅县的采茶歌、高跷、道情等民间歌舞结合、融合而生，也称为湖北的黄梅戏。而湖北的黄梅县早在唐宋时期就盛产茶叶，有着成熟的孕育环境，再吸取安徽桐城歌、安徽青阳腔、安徽凤阳花鼓调、江西彩灯调以及大别山地区的原始唱腔，就形成了今天具有七板、二行、火攻、高腔、花腔、还魂腔等唱腔的黄梅采茶戏。其传统剧目有《告经承》《告堤霸》《过界岭》等。

黄梅采茶戏

四、粤北采茶戏

粤北采茶戏，产生于粤北客家地区，旧称唱花灯、唱花鼓、采茶戏、大茶或"三脚班"，是在粤北山歌和民间山调的基础上，吸收赣南和湖南益州民间艺术精华而形成的地方戏曲，主要流行于广东省北部的韶关和东部的梅县、惠阳等地区。其历史可追溯至唐宋，于明朝嘉靖年间后更为盛行，以旦、生、丑三角色表演为主，音乐明快活泼、轻松奔放，富有乡土气息，高矮步、云手、摸步、扇子花、独舞、对舞是其特有的表演形式。

粤北采茶戏

粤北地区景观奇特，盛产茶叶，民风淳朴，采茶戏独具客家风味，多反映劳动人民的日常生活，极具艺术感染力，"正月采茶是新年，姐妹双双进茶园，佃了茶园十二亩，当面写书两角钱。二月采茶……"这些唱词传唱不衰。

现代粤北采茶戏

而随着社会的发展、社会生产方式的改变和人民生活水平的提高，粤北采茶戏在继承传统的基础上，不断开拓创新，创作了一批批优秀的采茶新戏，如《女儿的泪》《牛背坡奇事》《生日风波》等多反映现代生活中的事实和经历，深受广大群众的喜爱。

粤北风光

五、桂南采茶戏

　　桂南采茶戏，是流传于广西南部玉林市博白县所辖乡镇及其周边地区以及相邻的钦州市部分地区的一种采茶戏种，于明朝末年从江西赣南传入，因为其衬词的特点，又被叫作"吁嘟呀"，于清朝形成自身特色，于民国期间逐渐发展成熟。其演唱内容以"十二月采茶"为主，演唱次序为：开台茶（又叫恭贺茶或参拜茶）、开荒、点茶、采茶、炒茶、卖茶，演绎了整个制茶过程，生动形象地反映了采茶劳动人民的辛勤劳作与欣喜之情。

桂南采茶戏

经过长期的发展，桂南采茶戏独具特色，乡土气息浓厚，多用方言客家话演唱；演出队伍精悍，不限场地，机动灵活；衬词别有风味，多"吁嘟呀"和"吁嘟呀啦"；曲牌兼收并蓄，多元发展。也因此，桂南采茶戏具有较高的价值，包括学术价值，即保护、传承桂南采茶戏对丰富和完善中国戏曲乃至世界戏曲都具有一定的推动作用；实用价值，即保护、传承桂南采茶戏对建设社会精神文明、丰富人民群众文化生活都具有极大的促进作用。

第四节　茶 叶 外 交

以茶会友，共品佳茗，心灵交汇，友谊长青。自古以来，多少文人雅士、名流大家以"烹一壶茶，邀一好友，共论天下国事，同论诗词书画"为人间一大美事。茶香醒神静心，佳茗添思助情，在袅袅茶雾中，友人之间互相了解、互相体谅，彼此心灵更近一步，友谊更加深厚。或许是基于这样的历史原因与文化内涵，茶发展至现代，被赋予了新的使命，承载着中国人民的友好，走出了国门，向着世界各国飞去，成为了一代"外交大使"。

1949年12月，新中国成立不久，毛泽东主席第一次出访苏联。而在这第一次友好访问的备礼当中，就有名茶——浙江龙井茶和安徽祁门红茶的身影。顶着第一次出访的压力，龙井茶与祁门红茶圆满地完成了艰巨的任务：中苏关系进一步友好。而这次出访也成了中国与世界关系的重建之行。

龙井茶叶图

再看看茶在中美关系中起到的重要外交作用。茶在美国历史中的角色远远不止于饮品而已。早在18世纪，美国就曾依靠与中国的茶叶贸易使得经济迅速超越了当时的世界强国英国。查尔斯·汤姆森甚至在1771年的《美国哲学学会会报》上指出中国就是美国学习的榜样，建议应当引进中国的茶叶等资源。而哪怕是在鸦片战争中，美国向中国输入鸦片的同时，首要的就是输走大量的茶叶，以增强自身国力。再看现代，茶叶的作用更是不可忽视。1971年7月，美国国家安全顾问基辛格秘密访华，周恩来总理接见了他，并赠之象征着友好关系的西湖龙井茶，向美国传递了无尽的友好讯息。而后，美国总统尼克松来华，毛泽东主席再次赠之以茶叶，展现中国人民的友好与善意。这次举世瞩目的访问，被世界称为中美关系的破冰之旅，中美建交大门自此敞开。

祁门红茶图

而茶叶外交并不仅局限于茶叶的赠予，茶树引种和茶叶等物资的支援也是中外建交的基础，无时无刻不传递着中国人民的友好与善意。20世纪50年代，中国茶叶专家飞往马里、摩洛哥、越南、几内亚等亚非国家，无私传授茶叶种植技术，作为友好邻邦进行援助；而中国特制的两筒马里茶，更是深深打动了非洲五国，促使他们向中国伸出了友谊之手；1956年，苏伊士运河战争爆发，埃及人民开始了反帝斗争，为了给予他们支持，中国政府将包括茶叶在内的急需物资及时供给了埃及，数千吨专制改良的茶叶代表了中国人民最温暖贴心的支持；1965年，由于中国与斯里兰卡签订了物资交换协定，"锡兰茶叶"还与中国红茶友好联姻，在华拼配后转口其他国家……2014年，各国元首政要做客中国茶馆，共享东方文明与中国文化……

茶艺表演

除此之外，进入 21 世纪，茶叶还以更加丰富、多样的使者形象出现在了民间外交场合当中。2002 年，南昌女子职业学校茶艺队受邀在韩国济州岛表演茶艺"文士茶"；2003 年，于法国举行的"中国文化年"开幕式上的"禅茶"表演轰动里昂市政厅；2007 年，中国唐式茶道表演让欧洲古镇波尔多燃烧起了"中国热情"；2008 年，在中日青少年友好交流活动中，两国青少年自由切磋茶艺、茶道，中国长流壶茶技与日本里千家茶道同台上演；而 2008 年的北京奥运会开幕式，更是让全世界共同见证了行走在丝绸之路上的青瓷与"茶"……

从 1949 年到 2014 年，在 65 年的风风雨雨中，在 65 年的辉煌灿烂里，茶作为中华传统文化的代表，作为一代外交大使，见证了中国的成长与进步。在世界越发认同的目光下，茶文化越发成熟、从容、自信，越发散发出独特、和谐、友好的袅袅清香。

生态茶园

参考文献

[1] 中国网 .http://www.china.com.cn/index.shtml.

[2] 蔡定益 .论《聊斋志异》中的茶文化 .中国茶叶，2009（10）.

[3] 姜青青 .数典 .杭州：浙江摄影出版社，2006.

[4] 周圣弘 .苏轼的茶诗词述评 .文学教育（上），2011（8）.

[5] 茶叶网 .http://www.qqfav.com.

[6] 茶马世家官网 .http://www.13728.cn.

[7] 第一茶叶网 .http://www.t0001.com.

[8] 和茶网 .http://www.hecha.cn.

[9] 河南文化产业网 .http://www.henanci.com.

[10] 中国花茶网 .http://www.china-herbtea.com.

[11] 中国茶网 .http://www.zgchawang.com.

[12] 西湖龙井资讯平台 .http://www.westlaketea.com.

[13] 中华五千年网 .http://www.zh5000.com.